Hobbywerkstatt Modelleisenbahn

Michael Dörflinger

Hobbywerkstatt Modelleisenbahn

Das Praxishandbuch für Einsteiger

Bassermann

FSC Mix
Produktgruppe aus vorbildlich bewirtschafteten Wäldern und anderen kontrollierten Herkünften
www.fsc.org Zert.-Nr. SGS-COC-001425
© 1996 Forest Stewardship Council

Das für dieses Buch verwendete FSC-zertifizierte Papier *Profi Bulk*
liefert Sapi Alfeld GmbH, Deutschland.

ISBN 978-3-8094-2536-6

Projektleitung: Dr. Iris Hahner
Konzeption, Layout und Producing: JUNG MEDIENPARTNER GmbH, Limburg/Lahn
Korrektorat: Albert Mößmer, Augsburg
Umschlag: JUNG MEDIENPARTNER GmbH, Limburg/Lahn

Umschlagfotos:
Vorderseite oben links: Karl Kammerlander, Bad Camberg;
oben rechts und unten: Hans Stapelberg, Erkelenz
Rückseite oben: Fleischmann GmbH und Co. KG, Heilsbronn;
oben rechts, Mitte rechts, unten links: NOCH GmbH und Co. KG, Wangen/Allgäu;
unten rechts: Michael Dörflinger, Augsburg

Druck und Bindung: Mohn Media, Gütersloh
Printed in Germany

817 2635 4453 6271

Inhalt

Inhalt

Inhalt

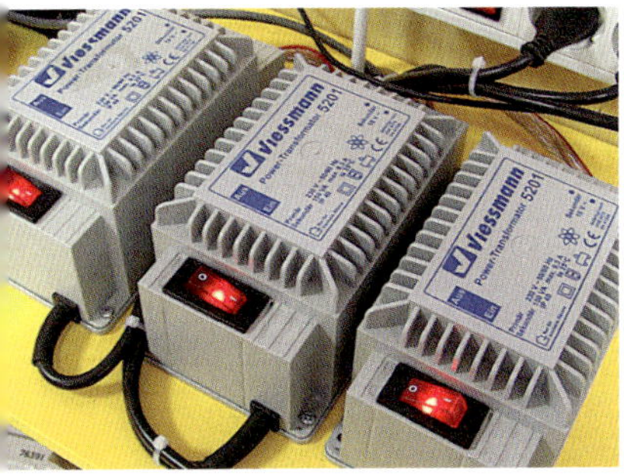

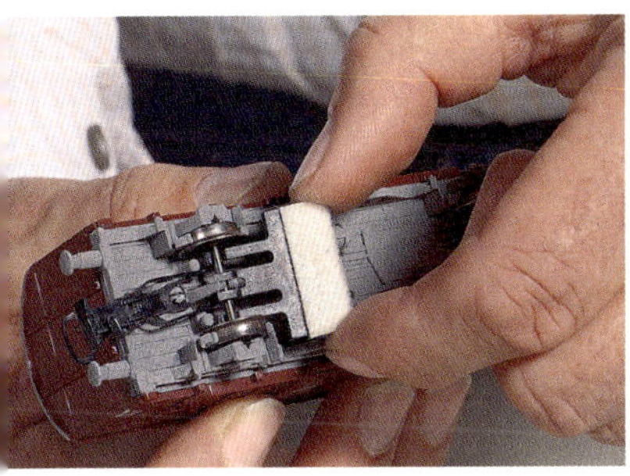

HOLSTEN
Autohaus Siedle
PIZZER

Einleitung

Das Hobby Modelleisenbahn übt auf viele Menschen eine besondere Faszination aus. Der Grund dafür liegt sicherlich unter anderem darin, dass es sich dabei um mehr handelt, als nur Schienen aufzubauen und einen Zug darauf laufen zu lassen. Wer sich mit diesem Hobby beschäftigt, möchte meist in Miniaturform eine Umwelt aufbauen, in der zwar die Eisenbahn das zentrale Element darstellt, neben den Schienen aber auch Straßen, Gebäude, Wiesen, Felder, Wälder, Berge und Gewässer geschaffen werden. Der Kreativität sind dabei fast keine Grenzen gesetzt. Man kann vergangene Zeiten wieder aufleben lassen, unterschiedliche Regionen gestalten, real existierende Landschaften und Städte nachbauen oder sich eine fiktive Welt schaffen.

Die Modelleisenbahner stellen dabei hohe Ansprüche an sich selbst und an ihre Modellanlage. Die Züge und die geschaffene Umwelt müssen zueinander passen. Wenn man beispielsweise Dampfloks aus dem neunzehnten Jahrhundert auf die Gleise stellt, macht es keinen guten Eindruck, wenn sich gleichzeitig moderne Fahrzeuge auf den Straßen befinden. Die meisten Modelleisenbahner wollen auf ihren Anlagen möglichst detail- und maßstabsgetreue Nachbildungen fahren lassen, die wirklich auch im Original eingesetzt wurden. Oft ist eine Beschäftigung mit mehreren Wissensgebieten nötig.

Wie hat sich die Eisenbahn historisch entwickelt? Welche wichtigen Lokomotiven hat es gegeben? Wie gestaltet man einen realistischen Bahnhof oder ein Bahnbetriebswerk? Welche Jahreszeit möchte man darstellen und auf was muss man dabei achten? Die Landschaft verändert sich nicht nur in einem Jahreszyklus, sie war auch im Laufe der Geschichte einem Wandel unterworfen. Asphaltierte Straßen gab es beispielsweise in der ersten Hälfte des zwanzigsten Jahrhunderts au-

ßerhalb der Städte nur wenige. Und der Maisanbau, der heute die Agrarlandschaft so prägt, war zumindest im deutschsprachigen Raum vor dem Zweiten Weltkrieg kaum verbreitet.
Wer seine Modellanlage detailgetreu aufbauen möchte, muss also auf zahlreiche Einzelheiten achten. Aber dem Modelleisenbahner stellen sich noch weitere Fragen, denn das Hobby kann einen enormen, ständig wachsenden Platzbedarf zur Folge haben. Eine Vorausplanung ist deshalb unumgänglich. Ebenso ist eine gewisse handwerkliche und technische Begabung von Vorteil. Dieses Buch möchte den angehenden Modelleisenbahner und den Wiedereinsteiger in seinem Vorhaben unterstützen. Es soll einen Überblick über die wichtigsten Aspekte dieses faszinierenden Hobbys bieten, technische Anleitungen geben und Möglichkeiten aufzeigen.
Aber auch die gesellige Seite des Hobbys soll nicht vergessen werden. Viele Freunde der Modelleisenbahn haben sich in Vereinen organisiert, wo es nicht nur um die fachlichen Aspekte des Modellbahnbaus geht, sondern auch um die gemeinsame Freizeitgestaltung.

Bedanken möchte ich mich bei allen Personen und Unternehmen, die mir Bildmaterial zur Verfügung gestellt haben, bei der Modellbahn-Interessen-Gemeinschaft Augsburg, bei Gerhard Meissner und Peter Seidel sowie bei allen anderen, die mir bei diesem Buch geholfen haben.

Große Modellanlagen, wie das Miniatur Wunderland in Hamburg, wecken Faszination und Begeisterung, aber auch Phantasie und Begehrlichkeiten

Glossar

Bettung (Gleis)
Die Gleisbettung besteht bei der Modellbahn aus dem Bettungskörper und der Einschottung. Der Bettungskörper bezeichnet die Gleisunterlage, die aus Holzleisten, Kork- oder Schaumstoffstreifen bestehen kann. Der Schotter dient zum Verfüllen der Schwellenzwischenräume und zum vorbildgetreuen Nachbau der Bahnstrecke.

Decoder
Decoder sind Module, die bei der digitalen Modellbahnsteuerung Verwendung finden. Abhängig von ihrer Funktion werden sie Lokdecoder, Funktionsdecoder, Schaltdecoder, Weichendecoder und so weiter genannt.

Diorama
Als Diorama wurde ursprünglich eine Szene mit Figuren oder eine Landschaft im Schaukasten bezeichnet. Beim Modellbahnbau werden darunter detailreiche Szenen oder Landschaften außerhalb des Gleisbereichs verstanden.

Gleisbettung siehe Bettung (Gleis)

Indusi
Indusi steht für „induktive Zugsicherung“. Falls haltzeigende Signale, Signale in Warnstellung, Überwachungssignale oder Geschwindigkeitsbeschränkungen nicht beachtet werden, soll die Indusi durch Zwangsbremsung einen Unfall oder eine Gefährdung vermeiden.

Meterspur
Als Meterspur bezeichnet man Eisen- oder Straßenbahngleise mit einer Spurweite von 1.000 Millimetern.

Modul
Ein Modul ist ein Teilstück einer Modulanlage. Die einzelnen Module besitzen genormte Anschlussflächen und können zu einer größeren Anlage kombiniert werden.

Nenngröße
Als Nenngröße wird der genormte Maßstab, der dem Größenverhältnis des Modells zum Vorbild entspricht, bezeichnet. Die Nenngrößen werden in dem Normblatt NEM 010 festgelegt.

Normalspur
Die Normalspur, auch Regelspur genannt, ist die in Europa am weitesten verbreitete Spurweite bei der Eisenbahn.

Profil (Gleis)
Damit wird die Schienenform bezeichnet. Gebräuchliche Profile sind Hohlprofile, das Hutprofil sowie Profile aus gewalztem und gezogenem Messing oder Neusilber.

Regelspur siehe Normalspur

Rollmaterial
Unter Rollmaterial oder rollendem Material versteht man bei der Eisenbahn alle Fahrzeuge, zum Beispiel Lokomotiven, Triebwagen, Wagen und so weiter.

Schattenbahnhof
Ein Schattenbahnhof ist bei einer Modellbahnanlage ein verdeckter Bereich, der zum Abstellen von Zuggarnituren dient.

Schmalspur
Als eine Schmalspur wird ein Gleis mit einer Spurweite, die kleiner als die Normalspur ist, bezeichnet.

Spant
Das Spant (oder „der Spant“) bezeichnet ein rippenförmiges Bauteil, das beispielsweise im Schiffsbau zur Verstärkung des Schiffsrumpfs dient. Im Modellanlagenbau werden Spanten als Querstreben beim Rahmenbau verwendet.

Tender
Als Tender werden die von Dampflokomotiven mitgeführten Vorratsbehälter für die Brennstoffe und das Kesselspeisewasser bezeichnet. Ein Schlepptender bezeichnet einen Tender mit einem eigenen Fahrgestell. Bei einer Tenderlok ist der Tender auf der Lokomotive selbst untergebracht.

1. Das Vorbild historisch

1. Das Vorbild historisch

Geschichte der Eisenbahn

Als am 27. September 1825 zwischen den beiden nordenglischen Industriestädten Stockton und Darlington die erste Dampflokomotive des Ingenieurs George Stephenson angeheizt wurde, waren sich alle Beteiligten darüber im Klaren, dass sich an diesem Tag eine Fahrt von weltgeschichtlicher Bedeutung ereignen würde. Es gab schon andere, die die Erfindung der Dampflokomotive vorangetrieben hatten. Da war der Dampfwagen von Nicholas Cugnot, der bereits 1769 fuhr. Allerdings erreichte er nicht einmal die Straßen von Paris, sondern rammte eine Mauer der Kaserne, in der Cugnot das Vehikel montiert hatte. Seinen Einsatzzweck als Artilleriezugmaschine erfüllte es nie.

Bild oben: Mit der „Rocket" gewann 1829 Stephenson das berühmte Wettrennen der Lokomotiven in Rainhill

Bild links: George Stephenson (1781–1848) war ein Pionier des Dampflokbaus. Zusammen mit seinem Sohn Robert baute er die wichtigsten frühen Lokomotiven und war am Bau vieler Strecken beteiligt

Erst in Cugnots Todesjahr 1804 wurde ein weiterer Entwicklungsschritt erreicht. Der Engländer Richard Trevithick, der schon verschiedene Fahrzeuge mit Dampfbetrieb gebaut hatte, stellte die erste funktionsfähige Dampflokomotive vor. Trevithick stammte aus dem Bergwerkswesen. Sein Ziel war der Transport von Roheisen oder Kohle. Leider blieb seine Erfindung ohne Erfolg. Doch das lag nicht etwa an den ungenügenden Leistungen seiner Lokomotiven, sondern daran, dass die vorhandenen Schienen ungeeignet waren, so schwere Fahrzeuge zu tragen.

Schienen gab es im Bergbau spätestens seit Anfang des 16. Jahrhunderts. Sie waren zunächst aus Holz, sehr viel später kam man darauf, sie aus Eisen zu gießen. Doch selbst für diese Technik waren die neuen Lokomotiven zu schwer. Erst mit der Idee, die Gleise aus Stahl zu walzen, begann der Siegeszug der Lokomotiven. 1830 wurde die Strecke Manchester–Liverpool eröffnet, 1835 zogen Belgien und Deutschland mit ihren ersten Linien nach. Die frühesten Lokomotiven, die die Jungfernfahrten auf dem Kontinent bestritten, stammten aber noch alle aus England. Ein wichtiger Impulsgeber war in Deutschland Friedrich List, der Vater des Zollvereins, der bereits 1833 Pläne für ein Schienennetz auf deutschem Boden entwickelte. Er erkannte deutlich die positive Wirkung der Eisenbahn auf den Handel und die Entwicklung eines Einheitsgedankens in seinem als „Flickerlteppich" kleiner Duodezfürstentümer belächelten Vaterland.

Das Jahr 1835 war schon fast zu Ende, als zwischen den beiden fränkischen Städten Nürnberg und Fürth die erste Eisenbahnlinie in Deutschland ihren Betrieb aufnahm. Der „Adler", gekauft von der britischen Firma Stephenson, beförderte die ersten Fahrgäste. Er war eine Lokomotive mit einer mittleren Treibachse und zwei Laufachsen vorn und hinten. Die Gleise hatten die britische Normalspur (1.435 mm), ein Maß, das sich schließlich fast überall durchsetzte.

Das war der Startschuss für eine Reihe weiterer Streckenbauten im Deutschen Bund. Es wurden Gesellschaften gegründet, die den Bahnbau vorantrieben. Doch auch die verschiedenen deut-

So ungefähr sollen die ersten Fahrten von Nürnberg nach Fürth abgelaufen sein. Als Lok diente der berühmte „Adler“

Von Leipzig nach Althen fuhr 1837 dieser Zug. Die Lok „Blitz“ hatte die Achsfolge B

schen Staaten erkannten die großen Möglichkeiten der Eisenbahn und traten selbst als Unternehmer auf. Bis 1866 war ein recht dichtes Streckennetz entstanden. Dann brach der Deutsche Krieg aus, bei dem erstmals die Eisenbahn eine wichtige Rolle spielte. Preußens Generalstabschef Moltke hatte ihre Möglichkeiten erkannt und in seinen Feldzugsplan einbezogen. Die Preußen konnten ihre Truppen schnell zu den entscheidenden Kriegsschauplätzen fahren und siegen. Das Ergebnis des Krieges waren der Norddeutsche Bund und ein größeres Preußen, das sich auch die Eisenbahnen der annektierten Staaten einverleibt hatte.

Die Berlin-Potsdamer Eisenbahn wurde am 22. September 1838 mit einer Fahrt zwischen Potsdam und Zehlendorf eröffnet

Die Länderbahnen

Bahnen der Länder im Kaiserreich	Abkürzung
Königlich Preußische Eisenbahnverwaltung (bis 1896)	K.P.E.V.
Königlich Preußische und Großherzoglich Hessische Staats-Eisenbahn (ab 1896)	K.P.u.G.H.St.E.
Königlich Bayerische Staats-Eisenbahnen	K.Bay.Sts.B.
Königlich Sächsische Staatseisenbahnen	K.Sächs.Sts.E.B.
Königlich Württembergische Staats-Eisenbahnen	K.W.St.E.
Großherzoglich Badische Staatseisenbahnen	G.Bad.St.E.
Großherzoglich Mecklenburgische Friedrich-Franz-Eisenbahn	M.F.F.E.
Großherzoglich Oldenburgische Staatseisenbahnen	G.O.E.

Portal des 242 Meter langen Klotztunnels auf der Strecke Freiburg–Basel, der 1848 eröffnet wurde

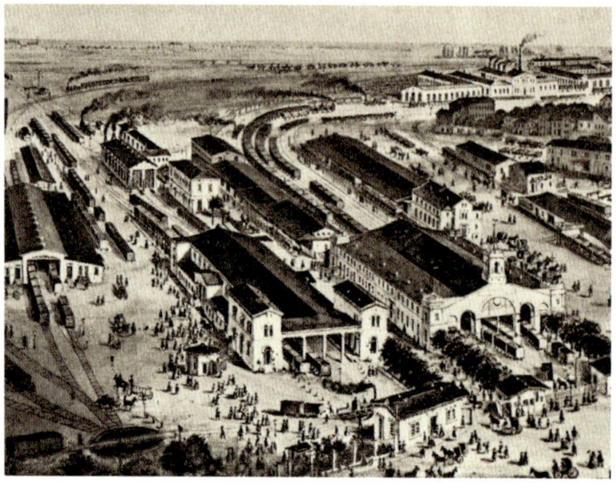

1862 hatte Leipzig noch mehrere Bahnhöfe

Von 1853 stammt die hölzerne Eisenbahnbrücke, die bei Kempten die Iller überquert

Hessische Ludwigseisenbahner posieren nach 1870 auf dem Bahnhof Bischofsheim vor der Kamera

In der Zwischenzeit war die Technik der Lokomotiven stark verbessert worden. Seit 1842 erlebten die Loks der Bauart Crampton eine kurze Blütezeit. Kennzeichen waren ihr langer Kessel, eine sehr tiefe Lage, dafür war der Schornstein sehr lang. Die über zwei Meter hohen Treibräder saßen hinter dem Kessel. Ihre Nachteile waren Anfahrprobleme und eine relativ niedrige Zuglast. Ihr Vorteil war eine vergleichsweise hohe Geschwindigkeit.

Ein bedeutender Schritt nach vorn gelang um 1880 dem Schweizer Anatole Mallet, der die erste Verbund-Dampflok entwickelte. Er wollte den Dampf doppelt ausnutzen, um so den Verbrauch zu senken. Zuerst arbeitete dieser in einem Hochdruckzylinder und bewegte die hintere Treibachse, dann gelangte er in einen Niederdruckzylinder, wo er für eine zweite Expansion sorgte. In Deutschland waren Mallet-Loks jedoch nicht so sehr verbreitet – anders sah das etwa in den USA aus.

Abgesehen vom „Adler" beginnt für viele Modelleisenbahner die wahre Geschichte der Eisenbahn erst mit der Entwicklung der Heißdampflokomotive. Wilhelm Schmidt hatte sich sein System 1894 patentieren lassen und der preußische Bahnchef Garbe wagte 1897 mit der Schnellzuglok S 3 und der Personenzuglokomotive P 4 die Umsetzung von Schmidts Idee in die Praxis. Um den Heißdampf zu erzeugen, musste der Sattdampf in einem Überhitzer noch weiter erwärmt werden. Statt der bislang üblichen ca. 203 °C wurde der Dampf nun auf fast 400 °C erhitzt. Weil er sich dadurch weiter ausdehnte, musste im Zylinder weniger Dampf sein. Somit konnte eine Heißdampflok deutlich sparsamer fahren. Auf die wichtigen Lokomotiven, die in diesen Jahren zum Einsatz kamen, soll im Kapitel 3 genauer eingegangen werden.

Die P 3 war eine preußische Personenzuglok vom Ende des 19. Jahrhunderts

1879 baute Siemens & Halske die erste Elektrolok der Welt

Die Dampflok blieb in der Zeit des Kaiserreichs die alles überragende Zugmaschine. Um die Wende zum 20. Jahrhundert gab es jedoch Entwicklungen, die in eine andere Richtung drängten, denn im täglichen Arbeitseinsatz bedeutete die Dampflok Ruß, Schmutz und anstrengende Wartungstätigkeiten. Bereits 1879 entwickelte Siemens & Halske in Berlin die erste Elektrolok der Welt. Zur Personenbeförderung unter Strom kam es zunächst bei Straßen- und U-Bahnbetrieben. Ab 1901 wurden von AEG und Siemens auf der Militärbahn-Versuchsstrecke zwischen Marienfelde bei Berlin, Zossen und Jüterbog erfolgreiche Tests mit Elektroloks unternommen. Die Fahrten waren eine Sensation, denn die AEG-Lok konnte mit 210,2 km/h einen Geschwindigkeitsweltrekord aufstellen. Vor allem in den Alpenländern wurden nun die frühesten Strecken gebaut. In Deutschland beförderten in Südbayern und Schlesien die ersten E-Loks Passagiere. Die Karwendelbahn (1913 elektrifiziert) bot sogar eine internationale Strecke an. In den zwanziger Jahren wurde vor allem das bayerische Netz so ausgebaut, dass es fast die Hälfte der deutschen Strecken unter Fahrdraht besaß. Die guten Voraussetzungen der Stromgewinnung durch Wasserkraftwerke machten das möglich. Ein weiteres wichtiges Zentrum des elektrischen Betriebs war die Berliner S-Bahn, die allerdings mit 800 V Gleichstrom und einer Stromschiene fuhr.

Abkürzungen bei der Eisenbahn

DRG	Deutsche Reichsbahn Gesellschaft (1924–1937)
DRB	Deutsche Reichsbahn (1937–1945)
DR	Deutsche Reichsbahn (allg. ab 1920, später auch in der DDR)
DB	1949–1994 Deutsche Bundesbahn, dann Deutsche Bahn AG (DB AG)
BBÖ	Österreichische Bundesbahnen vor 1956
ÖBB	Österreichische Bundesbahnen ab 1956
SBB/CFF/FFS	Schweizerische Bundesbahnen (dreisprachig)
SNCF	Société Nationale des Chemins de Fer (französische Staatseisenbahn)
FS	Ferrovie dello Stato Italiane (italienische Staatseisenbahn)
HSB	Harzer Schmalspur-Bahn
MITROPA	Mitteleuropäische Schlaf- und Speisewagen Aktiengesellschaft
DSG	Deutsche Schlafwagen- und Speisewagengesellschaft (der DB)
CIWL (ISG)	Compagnie Internationale des Wagons-Lits (Internationale Schlafwagen-Gesellschaft)

Eisenbahntourismus, der sich entwickelt hat, nur um Strecken zu erleben, ist in der Schweiz und Österreich nicht ungewöhnlich

Die Entwicklung in den Alpenländern

In Österreich und in der Schweiz begann der Eisenbahnbau ebenfalls sehr früh. Im Habsburgerreich war die Bahn auch ein Versuch zur Verbindung der auseinanderstrebenden Reichsteile. Immerhin hatte man auf der Strecke Budweis–Linz–Gmunden die erste Eisenbahn auf dem Kontinent gebaut, allerdings als Pferdebahn: 1832. Doch der frühe Glanzpunkt war die Semmeringbahn, die erste Gebirgsbahn der Welt und heute Weltkulturerbe. 1854 wurde sie eröffnet, drei Jahre später konnte die komplette Südbahn bis Triest befahren werden. Das zweite Großprojekt war die 1867 fertiggestellte Brennerbahn. Andere wichtige Strecken sind die Arlbergbahn, die Wien und Tirol mit Vorarlberg und der Schweiz verbindet, oder die Westbahn von Wien nach Bayern. Bemerkenswert ist die große Verbreitung von Schmalspurbahnen, die in der als „bosnische Spur" bekannten Spurweite von 760 mm verkehrten und vielfach noch heute fahren. Sie trugen maßgeblich dazu bei, bisher abgelegene Täler verkehrstechnisch zu erschließen.

Die Schweiz sah sich aufgrund ihrer landschaftlichen Formen dazu gezwungen, in der Konstruktion von Tunnels, Viadukten und Brücken echte Spitzenleistungen zu schaffen. Für den Eisenbahnfreund ist sie deshalb eines der begehrtesten Reiseziele Europas. Und sie hat jede Menge Superlative zu bieten: die Gotthardstrecke, deren Tunnel damals als technisches Meisterwerk gefeiert wurde, die Strecken der Rhätischen Bahn, allen voran der Glacier-Express, die Albula- und Berninabahn (seit 2008 ebenfalls Weltkulturerbe) und die Pilatusbahn, die steilste Zahnradbahn der Welt.

Beide Länder haben schon sehr früh auf den Strom als Antriebsenergie gesetzt. Legendär ist die liebevoll „Krokodil" genannte E-Lok Ce 6-8" von 1926. Doch die Eisenbahn hat in der Schweiz auch eine goldene Zukunft: Die Alpentraverse wird mit dem neuen Gotthard-Basistunnel den längsten Tunnel der Welt besitzen.

Der elektrische Triebwagen (Bj. 1901–1903), ausgerüstet von Siemens & Halske, musste den Weltrekord knapp an AEG abgeben

Ebenfalls im ersten Jahrzehnt des 20. Jahrhunderts begann die Geschichte der Dieselloks. Den Anstoß gab der Erfinder des Motors, Rudolf Diesel selbst, der 1906 mit dem Ingenieur Klose und der Firma Sulzer in Winterthur eine Gesellschaft gründete, die einer erstaunten Welt 1913 die Thermolokomotive vorstellte, die erste Diesellok der Welt. Doch anders als bei den E-Loks gab es hier vielerlei Probleme. So wurden bis Ende des Zweiten Weltkriegs nur einzelne Fahrzeuge hergestellt. Lediglich Rangierloks mit bis zu 50 PS und Diesel-Triebwagen wurden in beachtlicher Stückzahl gebaut.

Als der Erste Weltkrieg ausbrach, wurden die Lokomotiven zum wichtigsten Beförderungsmittel der Armeen, die an den verschiedenen Fronten eingesetzt wurden. Als die Westfront sich zum Stellungskrieg entwickelte, wurden viele Feldbahnen gebaut, auf denen Soldaten und Munition ins Feuer transportiert werden konnten. Im Laufe der vier Jahre war der Verschleiß des Rollmaterials infolge immenser Beanspruchung sehr hoch. Mit Gründung der Weimarer Republik entwickelte sich ein Staatswesen, das sehr stark dazu neigte, Kompetenzen der Länder auf die Reichsebene zu

Die preußische Tenderlok T 11 steht hier im Kriegseinsatz an der Ostfront im Ersten Weltkrieg. Der Wagen rechts wird gerade desinfiziert

verlagern. Konsequenterweise sollte auch die Eisenbahn vereinheitlicht und zentralisiert werden. So wurde am 1. April 1920 die Reichsbahn geschaffen. Wichtigste Verwaltungsorgane wurden die Reichsbahndirektionen (RBD). Aus Gründen, die mit den Reparationsforderungen der Siegermächte zusammenhingen, wurde 1924 die Deutschen Reichsbahn Gesellschaft (DRG) gegründet, die den Betrieb übernahm. 1925 gab es zwei wichtige Ereignisse. Das Nummernsystem der Lokomotiven wurde umgestellt. Die bekannten einheitlichen Baureihen-Nummern standen nun auf den Loks, und: Mit einer Dampflok der Baureihe 02 wurde erstmals eine Einheitslok vorgestellt.
Der Fuhrpark der Länderbahnen war sehr vielfältig. Jeder Hersteller baute nach Gutdünken, das machte es schwer bis unmöglich, Ersatzteile anderer Modelle zu nutzen. Die Reichsbahn war vom Gedanken beseelt, durch starke Vereinheitlichung und Normung der Bauteile auch über die Baureihen hinweg die Herstellungskosten, Lagerhaltung und Reparatursituation verbessern zu können. Damit konnte man Zeit und Geld sparen. In enger Zusammenarbeit mit Borsig, Henschel und Maffei wurden mehrere Baureihen entwickelt, die vom Schnellfernverkehr über die normale Personenzuglok bis hin zum Gütertransport, von leichten bis zu schweren Maschinen reichten. Gebaut wurden in dieser Zeit allerdings gerade mal 520 Stück. Den täglichen Betrieb dominierten immer noch die 24.000 Länder-Dampfloks.
Dennoch: Sie bleiben ebenso im Bewusstsein haften, die Baureihen 01, 02, 03, 43, 44, 64 oder 24, wie die Stars der Reichsbahnzeit: der Schienenzeppelin, die Gläsernen Züge, Stromlinienloks. Der schnelle Verkehr entwickelte sich weiter. Die Luxuszüge der Vorkriegszeit, wie der berühmte Orient-Express der CIWL; der „Rheingold" wurde zum Inbegriff schnellen und bequemen Reisens. Er verband die Schweiz mit dem Rheinland und den Niederlanden. Die Reichsbahn bezeichnete ihn als FFD-Zug, eine bessere Variante der FD-Züge, dem normalen Schnellverkehr der Reichsbahn. Fast zwei Drittel des Schnellverkehrs deckte jedoch der D-Zug ab. Die allermeisten Bahnkunden begnügten sich allerdings mit den BP-Zügen (Beschleunigter Personenverkehr), so etwas Ähnlichem wie der Regional-Express.

Die Güterzuglokomotive der Einheitsbaureihe 41 war auch nach dem Krieg noch lange Jahre in Ost und West unterwegs

Die Schnellzuglok der Baureihe 01 – hier mit den großen Wagner-Windleitblechen – gehört zu den erfolgreichsten Modellen der Reichsbahn

Heute legendäre Züge waren außerdem der Henschel-Wegmann-Zug zwischen Dresden und Berlin (mit einer cremefarben-violetten Stromlinien-Lok der Baureihe 61 von Henschel und gleichfarbigen Wagen der Firma Wegmann), der „Fliegende Hamburger" genannte Schnelltriebwagen zwischen Berlin und Hamburg und der Doppelstock-Wendezug der Lübeck-Büchener Eisenbahn.
Die Reichsbahn widmete sich auch anderen Geschäftsfeldern. Für Gegenden, in denen ein Gleisverkehr unrentabel geworden war, wurden Bahnbuslinien eingerichtet. Auch der Gütertransport von der Bahnstation zum Adressaten wurde von der Reichsbahn übernommen.

Ende der dreißiger Jahre wurde die Baureihe 50 als leichtere Güterzuglok eingeführt. Auf ihrer Basis (in stark vereinfachter Version) wurde die „Kriegslok" BR 52 gebaut, die mit über 6.500 Stück zur meistgebauten Dampflok Deutschlands wurde. Doch waren solche Rekorde fragwürdig angesichts der riesigen Verluste, die auch die Reichsbahn im Zweiten Weltkrieg erlitt. Der Wiederaufbau der Bahn war eine der ersten Aufgaben nach dem Krieg. In der DDR wurde das noch dadurch erschwert, dass sich die Sowjetunion nicht nur die Anlagen der elektrifizierten Strecken unter den Nagel riss, sondern auch verlangte, dass die zweigleisigen Strecken rückgebaut werden soll-

Der „Fliegende Hamburger“ war ein Stromlinien-Dieselzug, der in den dreißiger Jahren zu den Aushängeschildern der Reichsbahn gehörte

ten und das gewonnene Material ebenfalls abzugeben sei. Während die Bezeichnung „Deutsche Reichsbahn“ in der DDR beibehalten wurde, entstand in der Bundesrepublik die Deutsche Bundesbahn. Zunächst blieb bei beiden Betrieben die Dampflok Hauptträger des Verkehrs. Es wurden bis 1959 (DB) und 1960 (DR) noch Dampfloks gebaut, darunter auch neue Baureihen wie BR 23, 65, 82 und 10 im Westen, im Osten Modelle der BR 25, 23.10, 50.40 oder verschiedene Schmalspurloks.

Die älteren Fahrzeuge wurden modernisiert. Statt der großen Wagner-Windleitbleche sah man jetzt die kleineren des Typs Witte. Neue Hochleistungskessel wurden in den fünfziger Jahren eingeführt, in den Sechzigern und Siebzigern rüsteten die Bahnen auf Ölfeuerung um, was dem Heizer sehr viel Arbeit ersparte. 1977 fand die letzte Fahrt einer Dampflok im Einsatzdienst für die Bundesbahn statt. In der DDR endete dieses Kapitel erst 1988.

Vor allem in Süddeutschland fuhren auch E-Loks. Mit dem Wirtschaftswunder wurde es immer mehr Bahnkunden möglich, sich ein eigenes Auto zu kaufen. Viele Strecken waren nicht mehr ausgelastet und mussten stillgelegt werden. Immer mehr Fahrwege wurden nun elektrifiziert, 1950 war es lediglich ein Zwanzigstel, 1965 lag etwa ein Fünftel unterm Fahrdraht, 1975 bereits über ein Drittel. Star der fünfziger Jahre war die E 10. Es folgten die E 40 und die E 50, 1965 wurde mit der E 03 (BR 103) eine Schnellzug-E-Lok auf die Gleise

Bahnberufe früher

Die Reichsbahn war damals der größte Arbeitgeber der Welt. Das lag vor allem daran, dass der Bahnbetrieb noch sehr personalintensiv geführt werden musste. Für den Modellbahner der früheren Epochen bieten sich deshalb viele interessante Möglichkeiten. So gab es den Streckengeher oder Streckenwärter, der jeden Tag seinen Abschnitt ablief und die Gleise, den Unterbau und die Schwellen überprüfte. Der Bahnwärter hatte sein Häuschen direkt an der Bahnstrecke bei einem Bahnübergang. Er sorgte für Sicherheit an der Schranke und gab Informationen zum Zugbetrieb weiter. Der Heizer war der zweite Mann an Bord der Dampflok neben dem Lokführer. Er kümmerte sich auch um Wartung und Pflege der Lok. Ein wichtiger Mann bis zu der Einführung leistungsfähiger Bremsen bei Güterwagen 1926 war der Bremser, von dem auf jedem Wagen einer im Bremserhäuschen saß und auf Kommando die Bremse bediente. Der Zugführer, früher gerne Konducteur genannt, begleitete den Zug in den Wagen und war der Ansprechpartner der Passagiere. Ihm unterstanden die Schaffner. Nicht zu vergessen bot auch die Bahn vom Billeteur bis zum Dienstmann eine Vielzahl von Beschäftigungsmöglichkeiten.

Harte Arbeit bedeutete der Dienst am Schienenstrang

Die wichtigsten europäischen Stromsysteme

25 kV 50 Hz Wechselstrom	Nordengland, Portugal, Nordfrankreich, TGV-Strecken, Balkan, Griechenland, Süd-Dänemark, Finnland
15 kV 16 2/3 Hz Wechselstrom	Deutschland, Österreich, Schweiz, Norwegen, Schweden
3 kV Gleichstrom	Spanien, Italien, Slowenien, Belgien, Tschechien, Slowakei, Polen
1,5 kV Gleichstrom	Südengland, Mittel- und Südfrankreich, Niederlande

Die E 19 war die schnellste E-Lok der Reichsbahn

gebracht, die erstmals Reisen mit über 200 km/h erlaubte. Ab den siebziger Jahren setzte sich der Einholm-Stromabnehmer durch, Altfahrzeuge wurden mit der Zeit umgerüstet.

In den fünfziger Jahren begann die Bundesbahn damit, Dampflokomotiven auf Strecken ohne Strom durch leistungsfähige Dieselloks zu ersetzen. Heute auch unter Modellbahnern legendäre Baureihen wurden in Dienst gestellt, wie die V 80 (erste Neubau-Diesellok der Bundesbahn von 1952) für Rangieraufgaben und leichteren Streckendienst, ein Jahr später die V 200 (zweimotorige Lokomotive für Schnellzüge als Personen- bzw. Güterzuglok) und schließlich die V 100 als universales Arbeitstier auf Haupt- und Nebenstrecken. Hinzu kam die V 160, die vor allem mit ihrer Nachfolgerin BR 218 heute noch vielfach den Betrieb auf nicht elektrifizierten Nebenstrecken trägt. Diese Fahrzeuge besiegelten das Ende der Dampflokomotiven.

In der DDR durften nach dem Abkommen der Warschauer-Pakt-Staaten keine Dieselloks gebaut werden. Sie bekam deshalb Lieferungen aus Rumänien und der Sowjetunion, so die Modelle mit den Beinamen „Ludmilla“ und „Taigatrommel“. Ein elektrischer Betrieb fand erst wieder ab 1955 statt, der Ausbau erfolgte dann nur zögerlich.

Der nationale und internationale Schnellverkehr hatte bei der Bahn drei wichtige Phasen. Es begann 1957 mit dem Trans-Europ-Express TEE, der

Zwei Jahre nach der E 19 wurde die Stromlinien-Dampflok 01^{10} eingeführt

vor allem wegen seiner formschönen Dieseltriebwagen der Baureihe VT 11.5 legendär wurde. Beteiligt waren die Staatsbahnen der Niederlande, Frankreichs, Deutschlands, Belgiens, Italiens, Luxemburgs und der Schweiz. Im TEE gab es nur eine 1. Klasse. 1971 begann die Geschichte des Intercity. Er machte schnelles Reisen in 1. und ab 1979 auch in 2. Klasse möglich. Der IC fuhr im Stundentakt und verband die wichtigsten deutschen Städte. Damit war dem TEE eine Konkurrenz entstanden, die letztlich sein Aus bedeutete.
Moderne Elektronik und EDV haben sehr vieles bei der Bahn umgekrempelt. Augenfälligste Änderungen waren die Lichtsignale (ab den Fünfzigern) und das 1968 eingeführte, heute noch geltende EDV-taugliche Benennungssystem des Fuhrparks. Die Buchstaben wie „E“ und „V“ fielen weg. Die Baureihen waren nun in dreistellige Ziffern umgestellt worden, wobei Folgendes gilt:

Dampfloks	0
Elektroloks	1
Dieselloks	2
Kleinloks	3
Elektrische Triebwagen	4
Akkutriebwagen	5
Dieseltriebwagen	6
Schienenbusse und Dienstfahrzeuge	7
Steuerwagen für elektrische Triebwagen	8
Steuerwagen für Dieseltriebwagen	9

Danach folgt eine Baureihenbezeichnung, wobei versucht wurde, die alte Ziffer zu übernehmen (z.B. E 03 wird 103). Es folgte eine dreistellige Ordnungsziffer, dann durch einen Bindestrich getrennt eine Kontrollziffer.
Vieles andere änderte sich, so der Zugfunk, digitale Stellwerke wurden eingeführt, Weichen und Schranken arbeiteten automatisch. Rangierloks konnten ferngesteuert werden. Gleiskontrollfahrzeuge ersetzten die Streckengeher.

Die Dampflokbaureihe 22 entstand in der DDR aus umgebauten preußischen P 10

Von Busch gibt es den berühmten Checkpoint Charlie im Berlin zur Zeit des Kalten Kriegs

Die Eisenbahn in Frankreich

Eine der ersten Eisenbahnstrecken auf dem europäischen Festland wurde 1827 in Frankreich eröffnet. Es handelte sich um eine 23 Kilometer lange Strecke, auf der von dem südwestlich von Lyon gelegenen Saint Etienne Kohle nach dem an der Loire gelegenen Ort Andrézieux transportiert wurde. Die Wagen wurden anfangs noch von Pferden gezogen. Aber schon 1829 kam die erste Dampflokomotive auf dem inzwischen nach Lyon verlängerten Gleis zum Einsatz. 1837 wurde zwischen Paris und dem Vorort Saint Germain die erste für den Personenverkehr konzipierte Strecke eröffnet.
Wie in vielen anderen Ländern ging auch in Frankreich die Initiative für den Bau der ersten Zugstrecken anfangs von privaten Unternehmen aus. Aber schon in den vierziger Jahren des neunzehnten Jahrhunderts begann die Regierung, den Eisenbahngesellschaften unter die Arme zu greifen, indem sie Land für den Schienenbau zur Verfügung stellte und die nötige Infrastruktur entwickelte. Fusionen von Unternehmen und Verstaatlichungen verringerten die Anzahl der Anbieter im Schienenverkehr immer mehr. 1938 gingen schließlich die letzten privaten Betriebe in den Besitz der staatlichen Gesellschaft SNCF über.
Vor allem in den sechziger Jahren führte die Konkurrenz durch den Straßenverkehr zu Streckenstilllegungen. Aber in den achtziger Jahren stellte sich die französische Bahn den Herausforderungen durch die Einführung des erfolgreichen Hochgeschwindigkeitszuges TGV. Ein bedeutendes Ereignis in der französischen Eisenbahngeschichte fand 1994 mit der Eröffnung des Eurotunnels statt. Die beiden europäischen Metropolen Paris und London waren zum ersten Mal direkt durch eine Eisenbahnstrecke verbunden.

Der Bahnhof von St. Libéral, einer freiheitsliebenden Gemeinde im französischen Limousin (siehe Kapitel 9) im Modell einer Anlage, die in H0-Meterspur die fünfziger Jahre erfahren lässt

St LIBERAL
CFL
T4

Der Schienenbus wurde in den sechziger Jahren oft gesehen

Am 3. Oktober 1990 trat die DDR der Bundesrepublik Deutschland bei. Dieses Ereignis stellt auch in der deutschen Eisenbahngeschichte ein wichtiges Datum dar. Denn nun gehörten zwei Eisenbahngesellschaften, die Bundesbahn und die Reichsbahn, zum Sondervermögen des deutschen Staates. Diese beiden Teile zusammenzuführen und sie in ein marktwirtschaftlich orientiertes Unternehmen umzuwandeln, gehörte zu den Zielen der Bahnreform, über die bereits seit längerem diskutiert wurde. Nach einer Grundgesetzänderung und einer Anpassung des Eisenbahngesetzes war es so weit: 1994 entstand mit der Eintragung ins Handelsregister der Stadt Berlin die Deutsche Bahn AG.

Die Großdiesellok V 200 – ist noch heute Kult!

Auch in technischer Hinsicht schritt die Entwicklung voran. 1991 nahmen die mit zwei Triebköpfen ausgestatteten ICE (Intercity-Express beziehungsweise InterCityExpress in Österreich und der Schweiz) ihren Dienst auf. Sie fuhren zuerst auf der Strecke von Hamburg über Frankfurt und Stuttgart nach München. Bald wurde das Hochgeschwindigkeitsnetz aber weiter ausgebaut.

Der VT 18.16 der DDR für den Schnellverkehr

Güterzuglok der Baureihe 152, ab 1994 beschafft

Diese 202 gehört der Erzgebirgsbahn Chemnitz

Die E 03 war die Paradelok der DB im hochwertigen Reiseverkehr der siebziger Jahre, nun im EDV-Schema als Baureihe 103

Im September 1996 kam die zweite ICE-Generation, die für eine Geschwindigkeit von bis zu 280 km/h zugelassen war, zum fahrplanmäßigen Einsatz. Zusätzlich zu den Kosten für die Modernisierung entstanden der Deutschen Bahn in den neuen Bundesländern Belastungen durch die notwendige Sanierung und Elektrifizierung der Strecken. Auch die alten Ost-West-Verbindungen, die seit der deutschen Teilung verkümmert waren, mussten wieder hergestellt werden. Erstmals seit Jahren kam es nun wieder zum Bau neuer Strecken, die für den Hochgeschwindigkeitsverkehr vorgesehen waren, denn die bestehenden Trassen waren meist so, dass die ICEs ihr Potenzial nicht ausfahren konnten. Eines der wichtigsten Projekte, das noch seiner Vollendung harrt, ist die Neubaustrecke zwischen Stuttgart und Ulm, die die berüchtigte Geislinger Steige vermeidet.

Die Ära der Hochgeschwindigkeitszüge

Die Fahrzeiten möglichst kurz zu halten, war seit jeher ein Bestreben des Zugverkehrs, auch wenn es nicht immer verwirklicht werden konnte. Am Anfang ihrer Geschichte war die Eisenbahn tatsächlich die schnellste Art des Reisens. Aber mit dem Ausbau des Autobahnnetzes und der Liberalisierung des Flugverkehrs verlor die Schiene diesen Vorteil. Die Bahn musste im Fernverkehr schneller werden, falls sie im Wettlauf mit den anderen Reisemitteln mithalten wollte.

Die Ära der Hochgeschwindigkeitszüge begann weit weg von Europa. 1964 wurde in Japan anlässlich der Olympiade die erste Hochgeschwindigkeitsstrecke zwischen Tokio und Osaka in Betrieb genommen. Heute sind Reisen zwischen den japanischen Großstädten mit einer Geschwindigkeit von bis zu 300 km/h möglich. Der in diesem Zusammenhang auftauchende Begriff „Shinkansen“ bezeichnet eigentlich das Schienennetz, wird aber auch auf die Züge angewandt.

In Europa spielte Großbritannien auf dem Gebiet des schnellen Schienenverkehrs eine Vorreiterrolle. 1976 nahm der dieselgetriebene High Speed Train (HST) mit einer Geschwindigkeit von 200 km/h seinen Betrieb auf. Es war aber vor allem Frankreich, das durch seinen schnellen Zug, den TGV (Train à Grande Vitesse) von sich reden machte. Bereits 1981 verband er die Großstädte Paris und Lyon mit einer Reisegeschwindigkeit von bis zu 260 Stundenkilometern. Heute beschränken sich die TGV-Züge nicht mehr nur auf Frankreich, sondern fahren bis nach London, Brüssel, Amsterdam, Köln, München, Zürich und in andere europäische Großstädte.

In Italien wurde der erste Hochgeschwindigkeitszug 1988 auf der Strecke Rom–Florenz in Betrieb genommen. Die Pendolino-Züge können dank der elektrohydraulischen Wagenkastenneigung auch auf kurvenreichen Strecken eine hohe Geschwindigkeit erreichen. 1991 schloss sich auch die Deutsche Bundesbahn mit dem ICE dem Trend zu höheren Geschwindigkeiten an.

Der spanische Talgo der AVE (Alta Velocidad Española, spanische Eisenbahngesellschaft)

Er scheidet die Modellbahngeister: der ICE

Ein weiterer Schritt in Richtung Modernisierung und Wirtschaftlichkeit war die Regionalisierung des Nahverkehrs. Das heißt, die Verantwortung für den Schienennahverkehr ging vom Bund auf die Länder über. Während die Fernstrecken von der Deutschen Bahn wirtschaftlich genutzt werden konnten, war dies auf den kurzen Strecken nur bedingt möglich. Es blieb nun den Regierungen der Bundesländer überlassen, welche Strecken sie finanziell unterstützen wollten. Eine Konkurrenz entstand der Deutschen Bahn in diesem Bereich durch die wachsende Zahl der Privatbahnen.

Privatbahnen in Deutschland (Auswahl)

Bahn	Leistungen	Eigentümer
Bayerische Oberlandbahn (BOB)	Personenverkehr zwischen München und den bayerischen Alpen, 120 km Streckenlänge	Veolia-Gruppe
InterConnex	Personenfernverkehr zwischen Leipzig, Berlin und Warnemünde	Veolia-Gruppe
Nord-Ostsee-Bahn	Personennahverkehr in Schleswig-Holstein, 431 km Streckenlänge	Veolia-Gruppe
Vogtlandbahn	Personenverkehr in Bayern, Sachsen, Thüringen und in die Tschechische Republik, ca. 900 km Streckenlänge	Arriva Deutschland

Privatbahnen in Österreich (Auswahl)

Bahn	Leistungen	Eigentümer
Wiener Lokalbahnen (WLB)	Schienenpersonennahverkehr zwischen Wien und Baden auf der einzigen zweigleisigen, voll elektrifizierten privaten Strecke, 30,4 km Länge plus 5,4 km Anschlussgleise. Außerdem Buslinienverkehr	Wiener Stadtwerke Holding AG
Zillertalbahn (ZVB)	Schienenpersonennahverkehr zwischen Jenbach und Mayrhofen auf 32 km Schienen (z.T. mit Dampf), außerdem Busverkehr	Gemeinden des Zillertals und die Marktgemeinde Jenbach
Raaberbahn	Personen- und Güterverkehr in Ostösterreich und Westungarn	Republik Ungarn, Republik Österreich und die Speditions Holding GmbH

Privatbahnen in der Schweiz (Auswahl)

Bahn	Leistungen	Eigentümer
BLS AG (Bern-Lötschberg-Simplon AG)	Größte Privatbahn der Schweiz. Personen- und Warenverkehr auf 440 km Streckennetz. Außerdem Bus- und Schiffsverkehr	Kanton Bern und Schweizer Eidgenossenschaft
Rhätische Bahn	Schmalspurbahngesellschaft im Kanton Graubünden mit einer Streckenlänge von 384 km. Güter- und Personenverkehr	Kanton Graubünden, Schweizer Eidgenossenschaft sowie 6 % Streubesitz
Matterhorn-Gotthard-Bahn	Bahnverkehr von Disentis im Kanton Graubünden bis Zermatt im Kanton Wallis auf 144 km Schiene	Kantone und Schweizer Eidgenossenschaft

Triebzug des Typs Integral der Bayerischen Oberlandbahn

Ist es ein Flughafen? Oder doch ein Bahnhof? Während auf dem Land immer mehr Bahnhöfe schließen, werden die ICE-Haltepunkte zu Luxusträumen aus Glas und Licht ausgebaut

Ein neues Image für die Bahnhöfe

Mit der wachsenden Rolle der Eisenbahn als Transportmittel für Personen und Güter wurde der Bahnhof zu einem der wichtigsten zentralen Orte einer Stadt. Das ist auch bei den meisten Modellbahnanlagen so. Um die Bahnhöfe herum entstanden Hotels, Läden, Gastronomie und andere Dienstleistungen, die dem Bedarf der Reisenden entgegenkamen. Die Bahnhofsgebäude selbst sollten auch architektonisch ihre Bedeutung widerspiegeln. Sie galten als die „Dome des Industriezeitalters" oder die „Kathedralen des Verkehrs".

Mitte des zwanzigsten Jahrhunderts änderte sich jedoch der Status der Bahnhöfe. Im Zweiten Weltkrieg waren viele der Bauwerke zerstört worden, und an ihrer Stelle hatte man oft vor allem auf Nützlichkeit ausgerichtete Hallen erstellt. Die Ausbreitung des Automobils in den fünfziger Jahren leistete einen weiteren Beitrag zur Vernachlässigung der Eisenbahnstationen und ihrer Umgebung. Das Bahnhofsviertel wurde zum Inbegriff für die Gegend einer Stadt, in der sich zwielichtige Läden, Spelunken, Rotlichtetablissements und andere mit schlechtem Ruf behaftete Dienstleister niederließen.

Im Zuge der Bestrebung, die Eisenbahngesellschaften in moderne Dienstleistungsunternehmen umzuwandeln, ist man bemüht, auch den Bahnhöfen ein neues Image zu verleihen. Die Gebäude werden täglich gereinigt, von Sicherheitsdiensten kontrolliert und mit Kameras überwacht. Moderne Gastronomie und Shoppingcenter richten sich nicht nur an Reisende, sondern an einen weiteren Kundenkreis. Die Bahnhofsumgebung wurde als exklusiver Immobilienstandort neu entdeckt. Der Bahnhofsplatz gilt wieder als Top-Adresse.

Mit dem Ende des zweiten Jahrtausends rollten die neuesten Hochgeschwindigkeitszüge an den Start. Die zugelassene Spitzengeschwindigkeit dieser ICE-3-Modelle liegt bei 330 km/h. Auch das Internet-Zeitalter brach für die Deutsche Bahn an. Ab 1999 war es möglich, Fahrscheine online zu bestellen. Organisatorisch und rechtlich wurde die Bahn in mehrere Geschäftsbereiche aufgegliedert. Dazu gehörten der Fern-, der Nah-, der Ladungsverkehr, der Fahrweg sowie die Personenbahnhöfe. Die verschiedenen Konzernteile befanden sich nun unter dem Dach der Holding Deutsche Bahn AG.

Eine ähnliche Entwicklung wie die Deutsche Bahn machten die Eisenbahnen der anderen westeuropäischen Länder durch. Das Ziel war es, durch wirtschaftliches Arbeiten, Verkürzung der Fahrzeiten und Innovation die Position der Schiene in der Konkurrenz gegenüber der Straße und dem Luftverkehr zu verbessern. Nicht zu übersehen ist allerdings, dass die Nebenstrecken oft benachteiligt werden. Viele Bahnhöfe auf dem flachen Land werden geschlossen und durch Automaten ersetzt. Die ICE-Züge fuhren mit Anbruch des 21. Jahrhunderts nicht mehr nur zwischen den großen deutschen Städten, sondern auch in die Metropolen des Auslands. Umgekehrt konnten Fahrziele in Deutschland nun auch mit den Hochgeschwindigkeitszügen der Nachbarländer erreicht werden. Europa wächst auch auf der Schiene zusammen.

Der ICE 3 ist Deutschlands Vorzeige-Zug

2. Vorbilder und berühmte Modelle

2. Vorbilder und berühmte Modelle

Die Fotogalerie

Die Burg der Anlage Merklingen ist mit der Standseilbahn von Brawa zu erreichen

Eine wunderschöne kleine Fachwerkstadt im Stil der Epoche III

Die Köf III war auf deutschen Rangierbahnhöfen unersetzlich

Eine Bogenbrücke in idyllischer Landschaft der Epoche III

Bei einem realistischen Bahnsteig darf auch der Kombi-Mülleimer nicht fehlen

Därligen liegt am Thuner See in der Schweiz

Eine Brauerei mit eigenem Anschlussgleis

Das Dorf von Busch begeistert durch Details

modur
made by
puren
PURe technology
Aquarel
Nestlé
MARCO PANTANI IN MEMORIAM
FIAT
T · Mobile
PUREN
GIOVANNI LOMBARDI

Gemütliches Kaffeetrinken auf der heimischen Terrasse

Eine Alpenlandschaft gehört zu den großen Herausforderungen eines Modellbahners

Kirchenruine, Weinberge und Eisenbahn. Da kommt Urlaubsstimmung auf

Bild linke Seite: Diese Bergfahrt à la Tour de France ist ein echtes Steher-Rennen

Bahnhof einer kleinen Nebenbahn in St. Libéral, Mittelfrankreich

Ein Bahnbetriebswerk mit Ringlokschuppen ist für Anlagen bis Epoche III ein Nonplusultra

Bahnhof Solis und der berühmte Viadukt auf der Strecke der Rhätischen Bahn

Nebenbahn in vielfältiger Landschaft. So ein Thema zieht auch bei kleineren Anlagen

Schwere Güterzuglok der Baureihe 44 im Einsatz

Eine gute Anlage kann Geschichten erzählen und birgt viel Romantik

Das Bekohlen im Betriebswerk ist ein interessanter Vorgang

Ein Steinbruch kann auf jeder Anlage einen interessanten Blickfang geben

Fisenbahnbetrieb im Industrierevier erlaubt Ladevorgänge und einen regen Rangierverkehr

Eine alte Industrieanlage muss weichen ...

... um Platz zu schaffen für neue Ideen

Winteranlagen wirken immer interessant, werden aber von den meisten Modellbahnern gescheut

Der Bahnhof Burghausen ist bei den Bahnkunden sehr beliebt

Bild rechte Seite: Eine Bügelfaltenlok zieht den „Rheingold“ unter einer Burg vorbei. Links im Bild der berühmte Aussichtswagen

Modellbahnanlagen zum Anschauen

Miniatur Wunderland Hamburg

Das Miniatur Wunderland in Hamburg beherbergt nicht nur die größte Modelleisenbahn der Welt, sondern ist zugleich eine der erfolgreichsten Touristenattraktionen in Deutschland. Seit der Eröffnung der Anlage kamen bereits über 5.000.000 Besucher aus aller Welt, um die Modellbahn und die Dioramen zu bestaunen.

Die größte Modellbahn der Welt zu bauen, war von Anfang an das Ziel der Brüder Frederik und Gerrit Braun, als sie mit der Planung begannen. Es sollte sich nicht nur um eine Modelleisenbahnanlage hinter einer Glasscheibe handeln, sondern um eine richtige Miniaturwelt, bei der die Eisenbahn zwar ein zentrales Element bildet, die aber durch die verschiedenen Themen und Landschaften alle Generationen und Geschlechter anspricht. Der Baubeginn in den angemieteten Räumen in der Hamburger Speicherstadt erfolgte im November 2000, und im August des folgenden Jahres öffneten sich bereits die Türen für die ersten Besucher. Zu dieser Zeit hatte das Miniatur Wunderland bereits 40 Mitarbeiter. Seitdem ist die Anlage in ständigem Wachsen begriffen.

Das Miniatur Wunderland besteht aus mehreren Abschnitten, die verschiedene Motive zeigen. Drei solcher Abschnitte waren bereits fertiggestellt worden, als 2001 die ersten Gäste Einlass fanden. Eines der Motive zeigt eine mitteldeutsche Landschaft und den Harz. Der mit 13.500 Figuren bevölkerte und mit 26.000 Bäumen bewaldete Abschnitt bietet als besondere Attraktionen unter anderem eine Freilichtbühne, eine Kirmes und das Hermannsdenkmal. Das Herz vieler Modellbahnfreunde neuerer Epochen erfreut die ICE-Hochgeschwindigkeitstrasse durch den Harz.

Ebenfalls zum ersten Bauabschnitt gehörte die fiktive Kleinstadt Knuffingen, die sich irgendwo zwischen dem Harz und den Alpen befinden soll. Zu den besonderen Highlights dieses Anlagenteils gehört das Car-System, das 90 Autos durch die Straßen der Stadt fahren lässt. Ein Schattenbahnhof kann zudem ungefähr 250 Fahrzeuge aufnehmen.

Der Hamburger Michel kann auch im Miniatur Wunderland bewundert werden

Wer sich für die Gestaltung alpiner Berglandschaften interessiert, kann den dritten Abschnitt bewundern, der österreichische Berge, einen Skilift, einen Tunnel mit einer Eisenbahnbrücke über eine tiefe Schlucht und andere alpenländische Szenerien zeigt.

Bild rechte Seite: Der Hamburger Hauptbahnhof in Miniaturausführung

Xpress.de
Lokomotion
PIZZA
14

In der Mini-Schweiz darf auch die Rhätische Bahn nicht fehlen

Nach 13 Monaten Arbeit wurde im November 2001 der vierte Abschnitt beendet. Es handelt sich um die detailgetreue Miniaturausführung der Stadt Hamburg, mit der St.-Michaelis-Kirche, der Speicherstadt, der Köhlbrandbrücke und außerdem einer Transrapidstrecke.
Als fünfter Abschnitt wurden die USA im Dezember 2003 den Besuchern zugänglich gemacht. Als Themen sind die Wüstenstadt Las Vegas, der Grand Canyon, Mount Rushmore, ein Weihnachtsdorf und sogar die sagenumwobene Area 51 mit einem UFO zu sehen. Ein Eisenbahntunnel im Fußboden verbindet das miniaturisierte Amerika mit der verkleinerten Stadt Hamburg.
Gleich mehrere skandinavische Staaten sind im sechsten Abschnitt zusammengefasst. Ungefähr 30.000 Liter Wasser fasst das Becken der Anlage, in dem ungefähr 25 Schiffe kreuzen. Etwa 150 Züge fahren auf 2.000 Metern Gleis durch die nordische Landschaft. Zu den besonderen Attraktionen zählt die Storebeltbrücke, die in der Miniaturausführung acht Meter lang ist.

Im November 2007 wurde der Bau des siebten Abschnitts, der Mini-Schweiz, beendet. 180 Züge fahren auf 3.000 Metern Gleis. Alles überragend ist das Matterhorn mit einer Höhe von 5.982 Millimetern.
Weitere Abschnitte befinden sich im Bau oder im Planungsstadium. Dazu gehören ein Flughafen, die französische Mittelmeerküste mit einem TGV-Hochgeschwindigkeitszug und ein Abschnitt mit italienischen Motiven.

Miniatur Wunderland Hamburg GmbH
im Kultur & Gewerbespeicher
Kehrwieder 2-4 Block D
20457 Hamburg
Tel.: +49-(0)40-300680-0
Fax: +49-(0)40-300680-99
Internet: www.miniatur-wunderland.de
E-Mail: info@miniatur-wunderland.de

Öffnungszeiten:

Montag	9.30 – 18.00 Uhr
Dienstag	9.30 – 21.00 Uhr
Mittwoch	9.30 – 18.00 Uhr
Donnerstag	9.30 – 18.00 Uhr
Freitag	9.30 – 19.00 Uhr
Samstag	8.00 – 21.00 Uhr
Sonn- und Feiertag	8.30 – 20.00 Uhr

Im Wunderland-Harz wird Kirmes gefeiert

Nicht weit von der Sonnenblumenernte spielt sich eine dramatische Szene ab

Bild links: Feuerwehreinsatz beim Knuffinger Schloss

Bild unten: Der Bahnhof St. Wendel in den österreichischen Miniaturalpen

Modellbahn Paradies Fehmarn

Die Ostseeinsel Fehmarn gilt als Urlaubs- und Erholungsparadies mit vielen Sehenswürdigkeiten. Seit dem 1. Juli 2006 hat die Insel eine Attraktion mehr. An diesem Tag öffnete das Modellbahn Paradies Fehmarn seine Türen für Besucher. Fast ein halbes Jahr war an den Modellbahnen gearbeitet worden, bis sie vom staunenden Publikum begutachtet werden konnten. Im Erdgeschoss des Gebäudes befand sich eine Anlage in der Nenngröße H0. Sie stellte detailgetreu Motive aus der Ruhr-Wupper-Region dar. Im ersten Stock war eine Bahn in der Größe G aufgebaut. Sie deckte eine Fläche von über 100 Quadratmetern ab. Für die ganz kleinen Modelleisenbahner stand eine 50 Quadratmeter große Holzspielbahn zur Verfügung. In der folgenden Zeit wurde die Anlage um weitere Themen erweitert. Dazu gehören Motive aus Amerika, der Ostsee und Norwegen.
Eine Miniaturausführung eines Restaurants mit dem Namen „Möwennest“ wurde 2008 der Ostsee-Anlage hinzugefügt. Das Gebäude im Maßstab 1:87 nahm eine Bauzeit von mehreren Wochen in Anspruch. Die Details sind bis ins Kleinste nachgebildet. Eine Bierflasche in dem Restaurant ist nur wenige Millimeter groß.

Zu den neueren Attraktionen der Modellbahn Fehmarn gehört eine der größten maßstabsgetreu nachgebauten Lokomotiven der Welt. Es handelt sich um die Schnellzug-Dampflokomotive der Baureihe 01. Sie wurde von Heinz Conen und seinem Vater im Maßstab 1:5 gebaut, ist sechs Meter lang und wiegt ungefähr eine Tonne. Im Modellbahn Paradies nimmt sie einen Ehrenplatz ein.

MODELLBAHN PARADIES FEHMARN

Modellbahn Paradies Fehmarn
KFB Kur- und Freizeitanlagen Betriebs-GmbH
Landkirchener Weg 46 • 23769 Fehmarn OT Burg
Tel.: 04371-88999-0
Internet: www.bahnparadies.de

Öffnungszeiten:
März bis Oktober täglich 10 – 19 Uhr
(letzter Einlass um 18 Uhr)

Eine Straßenszene im Modellbahn Paradies Fehmarn

Der Ostseestrand mit Badegästen

In der Amerika-Anlage fährt der Zug über eine Holzbrücke

Häuserbau in Miniaturform

Im Bahnhof hält auch der ICE

Auch ein miniaturisiertes Amerika befindet sich in Wiehe

Modellbahn Wiehe

Über 465 Quadratmeter erstreckt sich die Thüringen-Anlage in Wiehe

Die in der thüringischen Kleinstadt Wiehe beheimatete Modellbahnanlage zählt zu den größten Anlagen ihrer Art in Europa. Die Modellbahn, deren einzelne thematische Abschnitte sich heute auf sieben Hallen verteilen, ist eine der touristischen Hauptattraktionen in dem malerischen Tal der Unstrut. Die Idee für den Bau der Anlage stammte von Hans-Jörg Stiegler, dem das Städtchen Wiehe zur zweiten Heimat geworden war. Nach langen Überlegungen, was man tun könnte, um den Fremdenverkehr in der Region anzuregen, fasste er den Entschluss, eine Modellbahnanlage aufzubauen, die alles bisher Dagewesene übertreffen sollte. So begannen im Frühjahr 1997 die Bauarbeiten an der Anlage, und am 7. November öffneten sich die Tore für die ersten Besucher.

Modellbahn Wiehe
Am Anger 19 • 06571 Wiehe
Tel.: 034672-8363-0 • Fax: 034672-8363-6
Internet: www.modellbahn-wiehe.de
E-Mail: info@mowi-world.de

Öffnungszeiten:
Montag – Sonntag: 10:00 – 18:00 Uhr

LOK LAND

In der kleinen oberfränkischen Stadt Selbitz befindet sich LOK LAND, eine 150 Quadratmeter große Modellbahnanlage, die auf einem 85 Meter langen Rundgang neben der detailgetreuen Landschaftsgestaltung auch einen Einblick hinter die Kulissen bietet. Dazu gehören der Unterbau, die Schattenbahnhöfe und Gleiswendel und die Verdrahtung.
Die Ursprünge von LOK LAND gehen ins Jahr 1995 zurück, als Berthold Rakowitz den Plan entwarf, sich einen Kindheitstraum zu erfüllen, nämlich eine der größten H0-Modellbahnanlagen Europas zu bauen. Im Januar 1996 fand man ein Domizil in einer ehemaligen Fabrik, direkt an der idyllischen Regionalbahnstrecke von Hof nach Bad Steben. Durch den Umbau zu einem modernen Ausstellungsgebäude wurden die Weichen für den erfolgreichen Start von LOK LAND gestellt.

Über eine Gleislänge von mehr als 400 Metern verfügt die Anlage in Selbitz

LOK LAND
Waltraud Rakowitz
Hofer Str. 14 • 95152 Selbitz
Ausstellung Tel.: 0171-5339870
Büro Tel.: 09252-92294
Internet: www.lokland.de
E-Mail: info@lokland.de

Öffnungszeiten:
12 – 17 Uhr an folgenden Tagen:
Oktober – April: jeder Sonntag und jeweils der erste Samstag im Monat
Mai und Juni: erster Sonntag und erster Samstag im Monat
Ostern und Pfingsten: jeweils Sonntag und Montag
Weihnachten: 26. und 27. Dezember
Weitere Öffnungszeiten auf Anfrage

Schwarzwald-Modellbahn Hausach

1873 wurde zwischen Offenburg und Konstanz eine Bahnstrecke eröffnet, die auch heute noch zu den schönsten Deutschlands gehört. Sie führt von Offenburg das Kinzigtal hoch bis nach Hausach, von dort geht es durchs Gutachtal über Triberg hinauf nach St. Georgen. Ab hier führen die Gleise die Brigach entlang nach Donaueschingen. Von dort geht es über Singen nach Konstanz an den Bodensee.

Auf ihrem Weg nach Süden überwindet die Schwarzwaldbahn im Kernstück zwischen Hornberg und Sommerau auf elf Kilometern Luftlinie einen Höhenunterschied von 448 Metern und führt in großen Schleifen durch 36 Tunnels mit einer Gesamtlänge von fast elf Kilometern. Mit 1.697 Metern der längste ist der Sommerautunnel. Wer im Schwarzwald Urlaub macht, darf sich auf keinen Fall Europas größte Modellanlage nach (diesem) realen Vorbild entgehen lassen. Es ist die Schwarzwald-Modellbahn in Hausach, das an der Bahnstrecke zwischen Offenburg und Villingen-Schwenningen liegt. Die Betreiber haben nicht nur die original nachgebildeten Bahnhofsanlagen der Schwarzwaldbahn-Städte Hausach, Hornberg und Triberg ihrem Vorbild abgeschaut, sondern auch Brücken, Viadukte und Tunnels. Ja sogar die vielen Details links und rechts des Fahrdamms sind mit viel Liebe in über 50.000 Arbeitsstunden nachgebildet worden. Die Macher haben sich viele pittoreske Szenen einfallen lassen. Dort feiern beschwingte Schwarzwälder ein Sommerfest, hier bewacht ein Hund seine Schafherde, emsiges Treiben und – viel Lokalkolorit in Spur Ho. Dank der geschickten Raumaufteilung der Anlage können Besucher die Bahn zunächst in Augenhöhe sehen, im weiteren Verlauf dann von oben.

Schwarzwaldatmosphäre pur

Schwarzwald-Modellbahn Hausach
Eisenbahnstraße 52a • 77756 Hausach
Tel.: 07831-966010 • Fax: 07831-966011
Internet: www.schwarzwald-modellbahn.de
E-Mail: info@schwarzwald-modellbahn.de

Öffnungszeiten:
1. April – 30. November 10.00 – 18.00 Uhr
1. Dezember – 31. März 11.00 – 17.00 Uhr

Besonderheit: Der Ausstellung ist ein gemütliches Bistro mit 50 Sitzplätzen angegliedert. Das Vorbild der Bahn liegt vor der Tür und lädt zu einem Vergleich ein.

Mit der Nachtbeleuchtung wirkt das Schwarzwaldhaus sehr realistisch

Modelleisenbahn Miniaturland Treuchtlingen

Die Anlage in Treuchtlingen ist noch im (Wieder-)Aufbau

Seit 1. Januar 2008 befindet sich das Miniaturwunderland Pappenheim im nahe gelegenen Treuchtlingen, das als wichtiger Eisenbahnknotenpunkt zwischen Schwaben, Bayern und Franken eine große Tradition im Schienenverkehr hat. Dort ist in einem Gewerbegebiet das Modelleisenbahn Miniaturland Treuchtlingen zuhause.

Die dargestellte Landschaft ist zwar Phantasie, doch man merkt sehr deutlich, dass sie von Vorbildern aus dem Altmühltal und der Alpenländer inspiriert ist. So findet man ein Bergdorf und ein Skigebiet im Hintergrund. Vorn, wo es eher flacher ist, tummeln sich die großen Züge der Hauptstrecken, so der ICE oder der alte „Rheingold“. Man stellt fest, dass die Region sehr viel Industrie anlocken konnte, dennoch ist der idyllische Charakter der Landschaft nicht beeinträchtigt. Neben einer Autostrecke für automatisch gesteuerte Kfz wird ein Flugplatz entstehen. Spektakulär ist ein Selbstmord: Die Polizei und der Rettungswagen befinden sich bereits am Einsatzort unter der Brücke, von wo der Plastikmensch offenbar gesprungen ist. Der Freizeitwert der Anlage wird jeden Tag mit Fortschreiten der Arbeiten steigen. Wichtigste Projekte sind die Signale und das Spannen des Fahrdrahts.

Adresse Modellanlage
Elkan-Naumburgstraße 35 • 91757 Treuchtlingen
Tel.: 0170/4741840

Adresse Büro
Übermatzhofen 79 • 91788 Pappenheim
Tel.: 09143-837851 • Fax: 09143-837282
Internet: http://www.miniaturland-treuchtlingen.de
E-Mail: webmaster@miniaturland-pappenheim.de

Öffnungszeiten:
Dienstag – Sonntag von 13.00 – 18.00 Uhr
Montag Ruhetag

Modellshow Merklingen

Das „Ländle“ ist nicht nur wegen seiner vielen Hersteller von Modellbahnen und Zubehör richtig eisenbahnverrückt. So ist es kein Wunder, dass sich ein württembergischer Unternehmer im Untergeschoß seines Betriebsgebäudes eine faszinierende Märklin-Bahnanlage geschaffen hat. Direkt an der A 8 – ein Stück westlich von Ulm – befindet sich dieses Juwel im Industriegebiet von Merklingen im Gebäude der Firma Falch.

Der Besucher findet in den künstlerisch gestalteten Räumlichkeiten Europas einzige Ho-Modellbahn-Schauanlage, auf der E-Loks und E-Triebzüge mit angelegten Stromabnehmern unter einer Sommerfeldt-Oberleitung fahren. Noch dazu spielt eine Videolok ihre Fahrt auf einen Bildschirm, wodurch dem Besucher fast eine echte Führerstandsmitfahrt ermöglicht wird. Wie aus dem Deutschen Museum bekannt, sind Schalter an der Anlage angebracht, die besonders für Kinder verführerisch sind, denn wenn man sie drückt, gewinnt eine Szene in der Nähe Leben. Die Väter können derweil ihren eigenen Zug aufgleisen und selbst fahren lassen.

Die Modellbahnshow zeigt neben vielen Details auch ein Skigebiet, ein Radrennen oder Urlaub am See. Unter einer Brücke haben es sich am Fluss die Nudisten bequem gemacht. Die Feuerwehr muss sogar einen Bruchpiloten vom Baum holen. Städtisches und dörfliches Leben wurde liebevoll gestaltet, mit vielen Fahrzeugen und Figuren belebt. Man findet auf der Platte mehr Ereignisse als in der Zeitung. Eines der Highlights ist ein Burgenfest mit Umzug und verschiedenen Kapellen. Daneben bestaunt der Betrachter mächtige Indus-

Verkehrsgünstig an der A 8 gelegen ist die Märklin-Bahnanlage in Merklingen, eine der schönsten Modellbahnanlagen Europas

triekomplexe und mehrere Bahnhöfe, darunter den elfgleisigen Hauptbahnhof. Das imposante Empfangsgebäude ist aus fünf Bausätzen entstanden. Das großzügig angelegte Betriebswerk kann alle fahrenden Traktionsarten „verarzten“: Dampf, Elektro und Diesel.

Modellbahnshow Merklingen
Siemensstraße 2 • 89188 Merklingen
Tel.: 07337-923194 • Fax: 07337-923195
Internet: www.modellbahnshow.de
E-Mail: info@modellbahnshow.de

Öffnungszeiten: Donnerstag bis Sonntag 10.00 – 18.00 Uhr, während der Schulferien in Baden-Württemberg, im Juli und an Feiertagen: Dienstag bis Sonntag 10.00 – 18.00 Uhr. Gruppen können nach Anmeldung auch außerhalb dieser Zeiten die Anlage besichtigen. Im Gebäude befindet sich auch ein Restaurant.

Heißer Tipp: Die Techniker der Modellbahnshow beraten Interessenten beim Besuch in Merklingen kostenlos beim Neuaufbau oder der Umgestaltung ihrer Modelleisenbahn.

Über 120 Quadratmeter ist die digital gesteuerte Märklin-Anlage in Merklingen groß

Miniwelt Oberstaufen

Ein Rummelplatz am Fluss begeistert viele

Wenn man im Allgäu von Kempten und Immenstadt nach Lindau fährt, findet man im Ferienort Oberstaufen die Miniwelt. Das Formsignal nach der Eisenbahnunterführung zeigt uns schon: hier gibt es etwas zu sehen. Auf 300 Quadratmetern erstreckt sich nämlich in der Halle hinter den Parkplätzen eine Modellbahnlandschaft, die dem überraschten Besucher viele berühmte Sehenswürdigkeiten entlang des Rheins und der Mosel im Maßstab H0 präsentiert. Man erkennt den großen Bahnhof von Trier samt Bahnbetriebswerk, den bekannten Pündericher Viadukt, der sich in einem langen Bogen am Ufer der Mosel entlangzieht, die zweistöckige Brücke bei Bullay, das Deutsche Eck in Koblenz mit dem Reiterstandbild Kaiser Wilhelms I., die Loreley und die Pfalzgrafenburg, die auf einer kleinen Insel im Rhein liegt.

Doch das ist noch längst nicht alles! Dort ist ein Rummelplatz, bei dem die Schiffschaukeln sich bewegen. Auf der Landstraße zieht ein Bus seine Kreise. Nicht weit davon nimmt die Polizei einen Unfall auf. Ein großes Wehr zieht den Blick des Beobachters auf sich, während von einer Burg ein Drachenflieger die gute Thermik nutzt.

Über zwei Kilometer Gleise liegen auf der Platte, etwa 5.000 Figuren – Einwohner und Touristen, Schiffskapitäne und Rehe bevölkern diese Miniwelt. Um die 600 Gebäude wurden errichtet. Schreinermeister Manfred Münster und Elektrotechniker Heribert Stadtfeld, der auch als Geschäftsführer der Anlage fungiert, haben in nur sieben Monaten den Großteil ihrer Landschaft geschaffen. Dem Modellbahnfreund bietet sie eine Fülle toller Anregungen.

Heribert Stadtfeld • Miniwelt Oberstaufen
Wengen 15 • 87534 Oberstaufen
Tel.: 08386-960711 • Fax: 08386-960713
Internet: www.miniwelt-allgaeu.de
E-Mail: info@miniwelt-oberstaufen.de

Öffnungszeiten: Von Anfang April bis Ende der ersten Novemberwoche sowie vom 26. Dezember bis Ende der Weihnachtsferien täglich von 10.00 – 18.00 Uhr geöffnet. In der übrigen Zeit bitte telefonisch erfragen.

Oberstaufen bietet dem Besucher eine wunderschöne Nachbildung des mittleren Rheintals und der Mosel

Adressen anderer Anlagen

Modellbahnland Erzgebirge
Geschäftsleitung:
Alte Königswalder Straße 1 • 09456 Annaberg-Buchholz
Tel.: 03733-502-50 • Fax: 03733-502-18

Präsentation / Ausstellung:
Mittelweg 4
09488 Thermalbad Wiesenbad OT Schönfeld
Tel.: 03733-596357 • Fax: 03733-596358
Internet: www.modellbahnland-erzgebirge.de
E-Mail: info@modellbahnland-erzgebirge.de

LOXX am ALEX - Miniatur Welten Berlin
Im ALEXA (Alexanderplatz)
Grunerstraße 20 • 10179 Berlin
Tel.: 030-44723022 • Fax: 030-44723049
Internet: www.loxx-berlin.de
E-Mail: info@loxx-berlin.de

Modellbahnland Padderow
Padderow 21 – 23 • 17391 Neetzow
Tel.: 039721-56598
Internet: www.modellbahnland-padderow.de
E-Mail: info@modellbahnland-padderow.de

Modellbahn Usedom
Hauptstraße 14 • 17449 Mölschow
Tel.: 038377-36180 • Fax: 038377-36182
Internet: www.modellbahn-usedom.de
E-Mail: g.bruchhaus@gmx.de

Modellbahn-Zauber
Brückenstraße 18 • 25840 Friedrichstadt
Tel.: 04881-525 • Fax: 04881-526
Internet: www.modellbahn-zauber.de
E-Mail: info@modellbahn-zauber.de

Modellbahnschau MO187
(im alten Bad Driburger Güterbahnhof, detaillierter Nachbau der Bahnhöfe Ottbergen und Bad Driburg und des Bahnbetriebswerks Ottbergen)
Brakeler Straße • 33014 Bad Driburg
Internet: www.mo187.de

Modelleisenbahn Fulda-Künzell
Johann-Friedrich-Böttger-Straße 2 • 36093 Künzell
Tel.: 0171-5326547
Internet: www.modelleisenbahn-fulda.de
E-Mail: info@modelleisenbahn-fulda.de

Der Deutschland-Express
Am Bugapark 1c • 45899 Gelsenkirchen
Tel.: 0209-5083660
Internet: www.der-deutschlandexpress.de
E-Mail: kuevers@aol.com

Modellbahnwelt Oberhausen
Zum Aquarium 2 • 46047 Oberhausen
Tel: 0208-884867-0
Internet: www.modellbahnwelt-oberhausen.de
E-Mail: info@modellbahnwelt-oberhausen.de

Modellbahnzentrum Schluchsee
Eisenbreche 4 • 79859 Schluchsee-Blasiwald
Tel.: 07656-988401 • Fax: 07656-988468
Internet: www.modellbahn-schluchsee.de
E-Mail: info@modellbahn-schluchsee.de

Faszination Gotthardbahn
Sieglinde Köttgen • Reichelshofen 28
91628 Steinsfeld
Tel./Fax: 09865-941898
Internet: www.modelleisenbahnmuseum-gotthardbahn-rothenburg.de
E-Mail: info@gotthard-modellbahn.de

La Statione
Kemnather Straße 7 • 95469 Speichersdorf
Tel.: 0171-7721151 • Fax: 09275-989-19
Internet: www.lastatione.de
E-Mail: hwr@rumsauer.org

3. Alles was rollt

3. Alles was rollt

Lokomotiven, Triebwagen und Wagen

Etwas über 200 Jahre sind seit der Erfindung der ersten Dampflokomotive vergangen. In dieser Zeit wurden auf der ganzen Welt Lokomotiven und Wagen gebaut, wurden Triebwagen entwickelt, Schmalspurloks, Rangierloks und viele andere Bauarten konstruiert, bei denen auch der Fachmann oft den Überblick verliert. Nicht viel anders ist es heute bei den Modellbahnfahrzeugen. Es ist nicht möglich, sie alle vorzustellen. Auf den folgenden Seiten sollen deshalb ein paar Typen herausgestellt werden, die für den Modellbahner interessant sein können oder die in der Geschichte der Eisenbahn eine wichtige Rolle gespielt haben. Dabei sollen natürlich vor allem die Dampflokomotiven und die E-Loks eine wichtige Rolle spielen, denn ihnen vor allem gehört das Herz der meisten Modellbahner.

Die preußische T 3 war als Arbeitstier lange Jahre im Einsatz

Die bayerische D XII wurde zur Reichsbahnbaureihe 73

Bauartbezeichnungen von Lokomotiven

Eine wichtige Information gilt es an dieser Stelle vorauszuschicken: In Deutschland hat sich ein System zur Definition der Bauart eingebürgert, das auf der Anordnung der Radsätze von vorn nach hinten beruht. Es wird zunächst zwischen Laufachsen und Treibachsen unterschieden. Erstere werden mit Ziffern beschrieben, diese mit Großbuchstaben. So hat zum Beispiel die berühmte bayerische S 3/6 die Achsfolge 2'C1'. Das bedeutet: vorn ein Laufradachspaar, dann drei angetriebene Achsen und hinten eine weitere Laufachse. Die Apostrophe werden hinter eine bewegliche Gruppe gestellt. Diese Bauart entspricht übrigens einer der berühmtesten. Man bezeichnet diese Maschinen als Pacific-Loks. Bei den Buchstaben zählt man ihre Stelle im Alphabet ab: C = 3, E wäre somit fünfachsig.

Damit nicht genug: Eigene Buchstaben und Ziffern bezeichnen hinten angehängt, ob es sich um eine Nassdampf- (n) oder Heißdampflok (h), eine Tenderlok (t) oder etwa eine Verbundlok (v) handelt. Wenn bestimmte Teile in Klammern stehen, dann weist das aus, dass es sich hier um eine bewegliche Triebwerksgruppe handelt. Bei Elektroloks findet man ein „o“ hinter einer Achsgruppe.

Der „Adler“, die erste Lokomotive in Deutschland

Erste Henschel-Lok „Drache“ für Kurhessen von 1848

Die preußische Schnellzuglok S 4 (Baureihe 13^5)

Die Personenzuglok P 10 aus Preußen wurde zur Baureihe 39

Die P 8 (Baureihe 39) war eine der meistgebauten Dampfloks

Diese als kleine „o" definierte Sigle bezeichnet einen eigenen Achsmotor, zum Beispiel Bo'Bo' bedeutet somit eine Lok mit zwei zweiachsigen Antriebsgestellen. Die E 10 gehört beispielsweise in diese Gruppe.
Es gibt noch weitere Klassifizierungen – und es gibt selbstverständlich auch andere Definitionssysteme. Hier wollen wir nur auf die Benennung nach dem Kupplungsverhältnis eingehen, denn das war in Bayern und der Schweiz gebräuchlich. Wieder ist die bayerische S 3/6 ein hervorragendes Beispiel: 3/6 bedeutet sechs Achsen, von denen drei angetrieben sind. Das „S" steht für Schnellzuglok. Daneben gibt es das „P" für Personenzugloks (zum Beispiel preußische P 8), das „G" für Güterzugloks, „R" für Rangier- und das „T" für Tenderlokomotiven.
Nach dem Umzeichnungsplan von 1925 wurden die Dampfloks in Baureihengruppen eingeteilt (siehe Tabelle rechts).

So kann auch der Laie sofort erkennen, ob er eine Schnellzug- oder eine Tenderlok vor sich hat. Fehler wie der, dass eine Güterzuglok vor Personenwagen gespannt wird, können dem Modellbahner so nicht passieren.

Dampflok-Baureihenbezeichnungen seit 1926	
Schnellzugloks	01 – 19
Personenzugloks	20 – 39
Güterzugloks	40 – 59
Personenzugtenderloks	60 – 79
Güterzugtenderloks	80 – 96
Zahnradloks	97
Lokalbahnloks	98
Schmalspurloks	99

Dampflokomotiven

Die erfolgreiche badische IV h wurde zur 18^3

Personenzugdampfloks der Länderbahnzeit

Die frühesten Dampfloks in Deutschland hatten meist die Achsfolge 1A1, vor und hinter der Treibachse lief also je eine nicht angetriebene Achse mit. Bekanntester Vertreter ist der „Adler“. Mit zunehmend höheren Ansprüchen an die Zugkraft der Loks musste die Zahl der Antriebsachsen vergrößert werden. Ab 1850 wurden Tenderlokomotiven eingeführt. Sie hatten Wasser und Kohle „an Bord“ in seitlich oder hinter dem Fahrerhaus angebrachten Kästen untergebracht. So konnte auf einen eigenen Schlepptender verzichtet werden. Ihr Einsatzgebiet waren vor allem kürzere Strecken, für die nicht so viel Betriebsstoff mitgeführt werden musste, oder steilere Strecken, wo es darauf ankam, möglichst wenig Ballast mitzuführen. Wegen ihrer guten Fahreigenschaften nach rückwärts wurden sie auch im Rangierbetrieb sehr wichtig. Eine der berühmtesten Vertreterinnen war in der Ära der Länderbahnen die preußische T 3, von der zwischen 1882 und 1910 fast 1.400 Stück gebaut wurden. Sie wurde später in die Baureihe 89 eingegliedert. Ihre Einsatzfelder lagen im Rangierbahnhof und auf Nebenstrecken. Die im Vorbild von Henschel und anderen Herstellern gebaute Lok ist in Modellen von Brawa, Märklin, Trix und Weinert produziert worden.

Im Personen-Reiseverkehr hingegen wurde die bayerische Nassdampf-Zweizylinder-Tenderlok D XII eingesetzt, die zwischen 1897 und 1907 gebaut wurde und die Bezeichnung Pt 2/5 N erhielt. Die Reichsbahn zeichnete sie in die Baureihe 73^{0-1} um. Es gibt Modelle von Märklin und Trix in Lackierung der Länderbahn und im Farbkleid der Reichsbahn.

Bei den Personenzugloks ragt unter den preußischen Modellen die zwischen 1906 und 1923 gebaute P 8 heraus, von der fast genau 3.500 Exemplare gebaut wurden. Sie wurde universell eingesetzt und war vor Personenzügen ebenso zu finden wie mit Güterzügen am Haken. Sogar im Schnellverkehr erlangte sie ihre Meriten. Bis in die Siebziger hinein waren einzelne Fahrzeuge dieser Baureihe unterwegs, die im System der DRG die Nummer 38 bekommen hatte, welche sie allerdings mit den verschiedensten Dampfloks aus Baden, Bayern oder sogar Beuteloks aus der Tschechoslowakei teilen musste. Wegen ihrer langjährigen großen Bedeutung für den Bahnverkehr wundert es nicht, dass unter anderem Märklin, Trix, Fleischmann, Liliput und Weinert mit Modellen auf den Markt getreten sind, die in den verschiedensten Epochenausführungen von Länderbahn über DRG bis zu DB und DR der DDR reichen und mal mit oder auch ohne Wagner- bzw. Witte-Windleitblechen versehen sind.

Die S 3/6 mit einem der größten Treibraddurchmesser

Oben im Reichsbahnkleid, hier im Anstrich der Bayerischen Staatsbahn

Die badische VI wurde später zur Baureihe 75^4

Güterzuglok aus Preußen: G 4

Diese DB-Lok gehörte zur Baureihe 78

Schnellzugdampfloks der Länderbahnzeit

Einer der Stars der Länderbahnzeit, aber auch noch in der Reichsbahnära, war die bayerische S 3/6, von der schon die Rede war. Vielen (besonders im Freistaat) gilt sie als die schönste und beste deutsche Dampflok. 1908 zum ersten Mal von der Firma Maffei in München gebaut, war sie eine der wenigen, die noch in der Ära der Einheitsloks der Reichsbahn bis 1931 weiter produziert wurden. Sie erreichte eine Höchstgeschwindigkeit von 120 km/h. Diese Lok der BR 18^4 und in der Nachbauversion 18^5 wurde und wird von praktisch allen wichtigen Herstellern angeboten.

Die fünfachsige Güter-Schlepptenderlok der Baureihe 57 stammt von Roco

Zur Baureihe 95 gehörte diese preußische T 20

Die Baureihe 93 war die preußische Güterzugtenderlok I 14

Alle Epochen, in denen die S 3/6 eingesetzt wurde, sind vertreten (I bis III). Besonders interessant ist eine Variante in Blau in den Farben des „Rheingold", denn die S 3/6 war eine der wichtigsten Loks für diesen prestigeträchtigen Zug.
Eine Vorläuferin dieser Lok war die ebenfalls bei Maffei produzierte badische IV h, die im Baureihenschema der DRG als 18^3 eingereiht war. Auch sie ist bei den meisten Herstellern in den verschiedensten Lackierungen der ersten drei Epochen zu haben. Interessant ist ein Modell mit Fotografieranstrich (bei Liliput).

Tenderloks

Ebenfalls in Baden ansässig war die Heißdampftenderlok VI c, die bei der Reichsbahn die Baureihenbezeichnung 75^4 erhielt. 135 Stück wurden zwischen 1914 und 1921 gebaut. Sie fuhr Ende der zwanziger Jahre sogar für die Berliner S-Bahn. Diese Fahrzeuge hielten sich hauptsächlich in Baden-Württemberg bis 1967 im Dienst. Besonders interessant für den Modellbahn- wie für den Eisenbahnfreund allgemein ist, dass die Ulmer Eisenbahnfreunde ein Exemplar unterhalten und

Die 01^{10} gehört zu den Glanzstücken der Dampflokzeit

Dampfbetrieb in die Schwäbische Alb angeboten wird. Liliput hat diese Baureihe in der Ausstattung Epoche I und III im Programm.

Für viele Modellbahner ist es interessanter, einen Güterzug fahren zu lassen, denn hier sind die Wagen nicht so lang – und das danken besonders kleinere Anlagen.

1910 begann die Auslieferung einer Baureihe, die als klassische Güterzuglok für schweren Betrieb gilt und die bis zur Einführung der Einheitsloks 1925 über 2.600-mal gebaut wurde. Die G 10 hat die für Güterzugloks lange charakteristischen fünf Antriebsachsen und führte einen Schlepptender mit. In der Reichsbahnzeit war diese Baureihe in ganz Deutschland verbreitet, auch andere europäische Staaten setzten sie ein. Ihre Höchstgeschwindigkeit lag bei 60 km/h, damit war sie etwa halb so schnell wie die gleichzeitig gebauten Schnellzugloks. Die G 10 ist im Modell eine Domäne von Roco, lediglich für Spur N sind mit Minitrix, Hobbytrain und Lima mehrere Anbieter da. Roco hat diese Baureihe mit Vertreterinnen der Länderbahnzeit und der DB produziert.

Die preußische T 18 war eine Personenzugtenderlok, die auf kürzeren Strecken eingesetzt wurde und bis zu 100 km/h in beide Richtungen erreichte. Gebaut wurde sie zwischen 1912 und 1927. Die letzten Exemplare waren noch bis 1974 im Einsatz. Märklin, Fleischmann, Liliput und Weinert haben die T 18, die im Bauartenschema der DRG die Position 78 einnahm, produziert.

Während des Ersten Weltkriegs wurde in hohen Stückzahlen die preußische Güterzug-Tenderlok T 14 gebaut (später BR 93). Auch sie erreichte das Zeitalter der EDV-Nummern. Roco hat dies zum Anlass für mehrere Modelleditionen genommen.

Die Baureihe 01 ist die bekannteste Loktype der Reichsbahn

Die Güterzuglok der Baureihe 41

Mit der T 20, die 1922 für steile Hauptstrecken in Thüringen beschafft und später auch auf der Geislinger Steige eingesetzt wurde, gliederte Preußen eine der schwersten Güterzugtenderloks als Baureihe 95 in die Reichsbahn ein. Hersteller sind unter anderem Pico, Fleischmann, Liliput sowie Arnold für Spur N.

Die Einheitslokomotiven der Reichsbahn

Die Einheitsloks der Deutschen Reichsbahn Gesellschaft gehören zu den Höhepunkten nicht nur der Eisenbahngeschichte, sondern auch vieler Modellbahnanlagen. Einer ihrer Stars war bereits von Beginn an dabei: die Baureihe 01, die den Schnellzugverkehr verbessern sollte. Sie erreichte 130 km/h und wurde vor allem in Nord- und Mitteldeutschland stationiert. Die letzte Maschine wurde in der DDR erst 1982 außer Dienst gestellt. Dort kam es auch ab 1962 zu einem Umbau einiger Maschinen, die als Rekoloks eine neue Baureihe 01.05 bildeten. Die zwischen 1926 und 1938 gebaute Dampflok wurde und wird bei fast allen Modellbahnherstellern angeboten.

Als kleinere Version der 01er wurde ab 1930 die Baureihe 03 produziert. Ihr Bau wurde nötig, weil die große Schwester für viele Strecken zu schwer war. Märklin, Fleischmann und Piko haben sich dieses Fahrzeugs angenommen.
Auch für den Güterverkehr wurden Einheitsloks entwickelt. Start war mit den Baureihen 43 und 44. Als schwerere, aber nur vierachsige Version kamen ab 1936 die 41er zum Einsatz. Bemerkenswert an diesen Loks war, dass sie mit einer Höchstgeschwindigkeit von 90 km/h auch für den Personenverkehr eine geeignete Alternative waren. Die letzten Loks dieser Baureihe erreichten erst 1988 in der DDR ihr Rentenalter. Märklin, Fleischmann, Piko, Roco und Weinert haben sich mit dieser Baureihe befasst.
Die stärkste der Einheits-Güterzugloks war zugleich eine der problembehaftetsten. Die 45 kam gleichzeitig mit der 41er heraus. Leider erwies sie sich wegen ihrer zu langen Kessel als sehr wartungsintensiv, weshalb nur 26 Exemplare gebaut wurden. Während die Originale nur Henschel baute, teilen sich die fahrenden Modelle auf die Hersteller Liliput, Märklin und Trix.
Im Krieg musste eine Vielzahl neuer Lokomotiven gebaut werden, um die massiv wachsenden Transportaufgaben erfüllen zu können. Die ab 1939 gebaute, sehr gut bewährte Güterzuglok der BR 50 wurde möglichst stark entfeinert (einfach und billig gebaut). Ergebnis war eine schnell und günstig zu produzierende Maschine, die zur meistgebauten Dampflok der Welt wurde: die 52er. Sie war eine klassische fünfachsige Güterzuglok mit

Die stärkste deutsche Dampflok war die 45

Die 05 002 hatte ursprünglich Stromlinienverkleidung

Die Schwestermaschine 05 001 in der originalen roten Färbung mit ihrem Stromlinienkleid

einem Achsdruck bis 15 t. Aufgrund ihrer Bedeutung kann man sie von fast allen Herstellern in den verschiedensten Betriebszuständen finden, sogar im Tarnanstrich.

Stromlinienloks

Ein Höhepunkt in der Entwicklung des Bahnverkehrs waren die Stromlinienloks, die in Deutschland mit der Baureihe 05 an den Start gingen. Und das sehr erfolgreich, denn die 05er wurde im Olympiajahr 1936 mit ihrem Weltrekord die erste Dampflok, die eine Geschwindigkeit von mehr als 200 km/h erzielte. Lediglich drei Exemplare wurden bei Borsig gebaut. Liliput, Märklin und Trix erreichten im Modell eine wesentlich höhere Stückzahl. Lediglich zwei Fahrzeuge wurden von der Henschel-Baureihe 61 gebaut, die den berühmten Henschel-Wegmann-Zug zwischen Berlin und Dresden beförderte. Auch im Modell ist er ein gesuchtes Sammlerstück (Märklin, Lima, Arnold).

1939 wurden aus den beiden Schnellzugloks der DRG zwei Stromlinienvarianten gebildet, die als Baureihen 01^{10} und 03^{10} in Dienst gestellt wurden. Der Krieg verhinderte größere Erfolge, zusammen entstanden etwas über 100 Loks. Vor allem die 01^{10} ist als Modell verbreitet.

Den Gipfel der Stromlinien-Entwicklung sollte die ebenfalls 1939 vorgestellte BR 06 von Krupp bilden. Brawa hat sich ihrer in verschiedenen Lackierungen angenommen. Sie war zu lang, verursachte einen hohen Instandhaltungsaufwand und entgleiste gern. So wurde der Höhepunkt eher zum Tiefpunkt.

Weil der Gleiszustand nach dem Krieg höhere Geschwindigkeiten nicht mehr erlaubte, war die Stromlinienverkleidung überflüssig und wurde abgenommen. Auch dieser Betriebszustand (alles DB) wurde von vielen Anbietern im Modell dargestellt.

Elektrolokomotiven

Das legendäre „Krokodil“

Obwohl ihr Betrieb bedingt durch die benötigte Oberleitung sehr aufwendig ist, hat beim Modellbahner die E-Lok ein sehr hohes Ansehen erreicht. Schon vor dem Ersten Weltkrieg sind die frühesten Modelle in Deutschland eingeführt worden. Ihre erste Blütezeit erlebte die Elektrolok aber erst in den zwanziger Jahren, als die Geschichte wieder in etwas ruhigeres Fahrwasser getreten war.

Das „Krokodil“

1919 wurde in der Schweiz eine Legende geboren, die nüchtern-technisch Ce 6-8“ hieß, bei Eisenbahnfreunden jedoch sehr schnell den Beinamen „Krokodil“ erhielt. Sie war als schwere Güterzuglok für die steilen Alpenübergänge konzipiert, eine Aufgabe, die sie nicht nur lange Jahre bravourös erfüllte, sondern die ihr noch Zeit für ihren Nebenberuf als beliebtes Modell für Eisenbahnfotografen ließ. Viele andere Modelle, die ähnlich konstruiert waren, bekamen ebenfalls diesen Spitznamen. Ihre Attraktivität öffnete ihr bei vielen Modellherstellern die Tür. In Deutschland übernahm solche schweren Güterzüge die E 94.

Originalaufnahme der E 44

Elektroloks der Reichsbahn

Eine der frühen Personen- und (vor allem) Güterzugloks der zwanziger Jahre war die E 77, die im Raum Halle und in Süddeutschland fuhr. Sie hatte einen Stangenantrieb, also noch keine der später üblichen Drehgestelle, und wurde 1924 erstmals eingesetzt. Nach dem Zweiten Weltkrieg gerieten die meisten Exemplare in die Sowjetunion. Braun als DRG-Modell und grün im DDR-Betrieb, ist die E 77 eine Domäne von Brawa.

Als leichtere Mehrzwecklok entstand ab 1932 die E 44, die nicht nur den endgültigen Durchbruch der E-Loktechnik schaffte, sondern auch mit ihrer Achsfolge Bo’Bo’ (vier Achsen auf zwei Drehgestellen) Maßstäbe setzte. Sie bediente die Hauptstrecke München–Stuttgart und viele andere wichtige Destinationen. Vor allem Märklin, Roco

Die E 10 war ein Meilenstein der ersten E-Lok-Serie der Bundesbahn von 1952

und Minitrix, aber auch mehrere andere Hersteller hatten oder haben sich mit dieser Lok befasst. Neben der E 94 als Güterzuglok, der E 44 als Personenlok und der E 63 als Rangierlok gehörte die E 18 als Schnellzuglokomotive zum Kader der ersten Einheits-E-Loks vor dem Zweiten Weltkrieg. Sie kam überwiegend im gut ausgebauten süddeutschen Netz zum Einsatz, doch auch im Raum Halle und in Schlesien wollte man auf ihre Dienste nicht verzichten. Sie erreichte 150 km/h. Von dieser viermotorigen Maschine wurden 55 Stück gebaut, zwei davon in der Nachkriegszeit. Märklin und Roco, bei Spur TT Tillig und Arnold für Spur N, sorgten für die Umsetzung ins Modell.

Schnellzug-Elektrolok E 18 von 1935

E-Loks der Bundesbahn

1952 stellte die DB eine Baureihe vor, die die E 18 als wichtigste Schnellzuglok ablösen sollte. Die E 10 wurde bis 1969 über 400-mal gebaut, ab 1963 als E 10.3 in Form der Bügelfaltenlok, so genannt wegen des markanten Knicks, der rechte und linke Fahrzeughälfte teilt. Viele von ihnen befinden sich noch heute – verkehrsrot lackiert – im Dienst vor Regionalzügen. An einem Modell der E 10 kam praktisch kein Hersteller vorbei. Es gibt kobalt-

Die E 50 war ein schweres Arbeitstier der DB

Bild unten: Die österreichische 1014 wurde Mitte der neunziger Jahre gebaut

Mehrsystem-Elektrolok der Baureihe 184

Die 103 wurde ebenfalls orientrot gefärbt

Zuvor war die 103 beige-rot lackiert

blaue Modelle der Original-Lackierung, weinrot-beige in TEE-Farben, oceanblau-beige ab 1974 und in den Rottönen seit 1987.

Bei der Bundesbahn hatte man für die verschiedenen Verwendungszwecke einen Farbcode entwickelt: kobaltblau wurden die Schnellzugloks lackiert, grün die Güterzugloks und für Rangierloks war ein rotes Farbkleid vorgesehen. Die E 50, die als schwere Güterzuglok ab 1957 eingeführt wurde, hatte folgerichtig eine grüne Lackierung. Sie ersetzte langfristig die E 94 der Vorkriegszeit. 2003 ging die letzte E 50, die ab 1968 als Baureihe 150 lief, in Pension. Märklin, Roco und Trix sorgten mit Modellen für Fahrspaß in H0.

Einem internationalen Verkehr unter Fahrdraht standen die verschiedenen Stromsysteme innerhalb Europas entgegen. An wichtigen Grenzbahnhöfen, etwa in Straßburg oder am Brenner, musste die Lok getauscht werden. Die Lösung bildeten Mehrsystemloks, die unter verschiedenen Spannungen fahren konnten. Die E 310 (BR 181) gehörte dazu, ebenso die E 410 (BR 184), die nach Belgien und Frankreich verkehren konnte. Märklin und Trix boten diese Fahrzeuge an.

Die Baureihe 151 arbeitet im Güterverkehr

Meilensteine: von der 103 zur 120

Wie kaum eine der neueren E-Loks genießt die sechsachsige E 03 (BR 103) bei vielen Eisenbahnfreunden Kultstatus. Das lag zum einen an ihren eleganten Rundungen, zum anderen aber auch daran, dass diese Maschinen für die Luxuszüge des TEE beschafft wurden. Sicherlich war noch bedeutsam, dass sie die erste Lok der Bundesbahn war, die mit einer Reisegeschwindigkeit von bis zu 200 km/h unterwegs sein konnte. Ursprünglich trugen die E 03 die Farben Beige-Weinrot der TEE-Ausführungen, später wurden sie in das allgemein ab 1987 übliche Orientrot umgestrichen. Außerdem gibt es sie (auch im Modell) in Weiß-Gelb der Lufthansa Airport-Linie und in bunten Bemalungen der DB-Touristiklinie. Eine 103 gehört bei sehr vielen Modellbahnern zum Grundbestand des Fahrparks und wird deshalb von allen wichtigen Herstellern in verschiedenen Epochenzuständen angeboten.

Um die in die Jahre gekommenen E 50 zu ersetzen, wurden in den siebziger Jahren 170 Fahrzeuge der sechsachsigen Baureihe 151 gebaut. Ihre stärkere, ab 1997 in Dienst gestellte Nachfolgerin 152 hat nur noch vier Achsen. Fleischmann, Roco, Märklin und Trix bedienen die Interessenten dieser Lok. Man kann unter verschiedenen Ausführungen wählen: dem originalen Grün, Blau-Beige, Orientrot und Verkehrsrot, als DB-Cargo oder als aktuelle fahrende Railion-Version.

Die DDR hat seit 1982 viele E-Loks der Baureihe 243 beschafft

Die erste Drehstromlok der Welt: Baureihe 120

Zwischen 1974 und 1984 wurde mit der BR 111 eine Nachfolgerin als Schnellzuglok für die alte E 10 (BR 110) gebaut. Sie erreicht bis zu 160 km/h, was heute für den Schnellverkehr nicht mehr reicht. Inzwischen ist sie in den Regional- und S-Bahn-Verkehr heruntergestuft worden. Der Modellbahner findet sie bei den wichtigsten Herstellern, es gab auch schon Varianten als grau-orange S-Bahn-Lok im Rhein-Ruhr-Gebiet und eine Lok mit Werbelackierung für den „Tanz der Vampire“. 646 Fahrzeuge der DR 243 hat die DDR seit 1982 gebaut, um möglichst viele der veralteten Dampfloks ablösen zu können und von teuren Öllieferungen für Dieselloks und Dampfloks mit Ölfeuerung unabhängiger zu werden. Diese Mehrzwecklok ist in den Dienst der DB AG übergeführt worden und wurde als BR 143 eingereiht. Sie ist heute in ganz Deutschland vor allem im Regionalverkehr tätig. Fast alle wichtigen Hersteller bieten auch diese Lok im Modell an.

Die DR-Baureihe 243 wurde in die 143 der DB AG verwandelt

Als die vierachsige 120er 1979 vorgestellt wurde, war sie eine Sensation. Sie war mit Drehstrom-Asynchronmotoren ausgestattet und ist die erste Drehstromlok der Welt. Aus diesem Fahrzeug wurden später die Triebköpfe des ICE entwickelt. Sie wird vor allem vor Intercity- und Eurocity-Züge gekuppelt. Weil sie sich im schweren Güterverkehr nicht wie gewünscht bewährt hat, wurde

Die 111 war eine verbesserte Fortsetzung der E 10

Die Taurus heißt bei der DB Baureihe 182

nach einem zweiten Baulos 1987–1989 keine weitere Lok dieses Typs mehr beschafft. Dank ihrer Bedeutung stand oder steht diese Lok bei praktisch jedem Anbieter im Programm.

Elektroloks im Zeitalter der DB AG

Auch die neuesten Entwicklungen finden ihren Weg aufs Modellbahngleis. Die Baureihe 101 wurde zwischen 1996 und 1999 bei Adtranz in 145 Exemplaren beschafft und ersetzte die legendäre 103. Sie beherrscht nicht nur den hochwertigen Personenfernverkehr, sondern ist sich auch als Güterzuglok nicht zu schade. Märklin, Trix, Roco, Fleischmann und Tillig bieten vielerlei Lackierungsvarianten an, denn die 101 ist ein beliebtes Werbemedium.

TRAXX-Lok der Baureihe 145 von Bombardier

TRAXX ist seit Ende des letzten Jahrtausends das Zauberwort, wenn der Eisenbahner an Bombardier denkt. Mit der BR 145 hat Bombardier eine hochwertige Güterzuglok geschaffen, die mehrsystemfähig gemacht wurde und auch für den internationalen Einsatz ertüchtigt werden konnte. Diese Version wurde als Baureihe 185 ins Nummernsystem der DB AG eingegliedert. Fast alle Modellbahnhersteller bieten diese Lok an, die – da sie auch bei vielen Privatbahnen unterhalten wird – mit vielen bunten Lackierungen für den Spielbetrieb sehr attraktiv ist.

Siemens und Krauss-Maffei, zwei gute alte Namen im Lokomotivbau, stellten für die ÖBB eine Drehstromlok her, die zur Familie der EuroSprinter gehört. Die formschönen und leistungsstarken Fahrzeuge haben in Österreich den Namen Taurus. Die Deutsche Bahn beschaffte 25 Exemplare als Baureihe 182. Die verschiedensten, meist sehr farbenfrohen Lackierungen – einerseits Werbung, aber auch Privatbahnfarben – haben sich im Modellbahnbereich niedergeschlagen. Naturgemäß spielen die österreichischen Hersteller Roco und Piko die Vorreiter, aber auch Märklin und andere stellen Modelle vor.

Hier die Taurus im Vorbild in den Farben der ÖBB

Diesellokomotiven

Abgesehen von erfolgreichen Einsätzen einiger Dieseltriebwagen ist es im deutschen Bahnverkehr erst nach dem Zweiten Weltkrieg zu nennenswertem Dieselbetrieb gekommen. Lediglich bei Rangierloks, die mit geringerer PS-Leistung auskommen, wurden Kleinloks in größerer Stückzahl gebaut.

Rangierlok der Baureihe 362 beim Einsatz in einer Hafenanlage

Großdiesselloks in Ost und West

Es gibt einen unangefochtenen Star unter den dieselbetriebenen Lokomotiven der fünfziger und sechziger Jahre: die V 200. Diese zweimotorige Großdiesellok stand für den Wiederaufstieg der Bahn in Deutschland. Ihr Design lässt noch heute die Herzen vieler Eisenbahnfreunde höher schlagen. Sie ersetzte Dampfloks, die bislang im Personenfernverkehr oder vor schweren Güterzügen auf nicht elektrifizierten Strecken eingesetzt waren. 1953 kam sie erstmals auf die Schienen, die sie mit bis zu 140 km/h befahren konnte. Die letzte V 200 (im EDV-System BR 220 benannt) beendete 1984 ihren Planeinsatz. Märklin, Trix, Roco, Pico, Fleischmann, Tillig und Arnold bieten Modelle vom ersten Altrot über die oceanblau-beigefarbene Version bis zu Sonderlackierungen von Privatbahnen oder der SBB an.

Die V 200 hier im Modell mit EDV-Nummer 220 ...

... und als Museumslok frisch lackiert mit alter Bezeichnung

Als einmotorige Lokomotive, die die mittelschweren Einsatzformen bei der Bahn erfüllen sollte, wurde 1960 eine Vorserienlok V 160 hergestellt, die nach einigen Tests und Änderungen 1964 in Serie ging. Die ausladende Form der Frontpartie unter den Fenstern, die ihr den Spitznamen „Lollo" nach der vollbusigen italienischen Schauspielerin Gina Lollobrigida eintrug, hat die Serie verloren, was aber nicht an der Prüderie der Bundesbahner lag. Märklin, Brawa und Roco haben mehrere Modelle herausgebracht, dazu Minitrix für Spur N.

Die ab 1968 als Baureihe 216 bezeichneten V 160 wurden zu Stammvätern einer mächtigen Baureihenserie. 1968 gebar sie eines ihrer wichtigsten Kinder, die BR 218. Vor allem in Schleswig-Holstein und Bayern kann man der 218 auch heute noch oft begegnen. Im Modell ist diese Baureihe von fast jedem wichtigen Hersteller zu haben, ne-

Die Maxima 40 CC von Voith

Das „U-Boot“ V 119 im Dienst der DR

Die Kleinlok Köf I (Baureihe 311) von Roco zieht einen Gerätewagen

ben den verschiedenen Farbkleidern der DB findet man auch Modelle in Sonderlackierungen, etwa für den König-Ludwig-Zug (Märklin, Trix) oder in Orange-Grau der DB City-Bahn (Fleischmann, Märklin, Trix, Pico, Tillig).

Die DDR bezog ihre Dieselloks zumeist aus Rumänien und der UdSSR. Auch dort gab es ab 1965 eine V 200, die später im EDV-System der DDR zur Baureihe 120 wurde. Um die 400 dieser aus der Sowjetunion stammenden Fahrzeuge besaß die Reichsbahn. Aufgrund des Lärms, den sie unter der Fahrt entwickelten, wurden sie im Hinblick auf ihre Herkunft gerne als „Taigatrommeln“ bezeichnet. Ab 1977 fanden diese Loks eine etwas fragwürdige Unterstützung durch die aus Rumänien stammende V 119, im Volksmund „Karpatenschreck“ oder auch „Ceauşescus Rache“ nach dem damaligen eigensinnigen und selbstverliebten Staatschef Rumäniens benannt. Wegen ihrer bullaugenförmigen Fenster setzte sich bei ernsthafteren Spöttern allerdings der Name „U-Boot“ durch. Diese Dieselloks waren wegen ihrer Pannen gefürchtet. Als Baureihe 219 hielten die „U-Boote“ noch bis 2003 durch. Brawa, Tillig und Gützold setzten ihre Karpatenschrecks aufs Gleis. Auch die gut bewährte russische Ludmilla (BR 130 bzw. 230 im System der DB), mit über 800 Stück seit 1970 in der DDR in Dienst gestellt, findet sich bei Brawa, Pico, Märklin, Trix, Tillig und Roco in verschiedensten Ausführungen.

Die Maxima 40CC sind leistungsstarke dieselhydraulische Großloks, die von Voith hergestellt werden. Bei der DB ist die Maxima noch Zukunftsmusik, doch die Saechsische Waggonfabrik Stollberg bietet schon ein Modell an.

Rangier- oder Verschubloks

Besonders im Rangierbetrieb konnte die Dieseltraktion schon sehr früh gute Erfolge vermelden. Ein historisch interessanter Fall ist die V 36 aus dem Jahr 1938, denn sie wurde ursprünglich von der Wehrmacht in Auftrag gegeben. Im Krieg hat

Die V 60 wurde mehrmals umgebaut. Hier als BR 363

Die ehemalige Wehrmachtslok kam als V 36 zur DB

sie sich als Rangier- und Arbeitslok bewährt und selbst auf Strecke hat sie ihre Qualität bewiesen. Als BR V 36[4] ließ die junge Bundesbahn einige Exemplare nachbauen, womit sie zur ersten Diesellokreihe der DB überhaupt wurde. Ein sehr schönes Modell dieses Nachbaus hat Lenz im Programm. Das Spur-0-Modell hat eine fernbedienbare Kupplung. Außerdem gibt es die V 36 unter anderem von Märklin, Trix, Lima, Roco und Tillig. Ein äußerst erfolgreiches Modell wurde die V 60, die ab 1953 im neuen Typenprogramm der DB als Rangierdienstlok für mittelschwere Aufgaben beschafft wurde. 942 Exemplare dieser Fahrzeuge mit 12-Zylinder-Motor wurden gebaut. Ab 1968 wurde sie als BR 260 bezeichnet. Da Kleinlokomotiven laut Dienstanweisung einen Mann weniger brauchten, wurde diese Reihe jedoch zur 360er und war somit zur Kleinlok umdeklariert worden. Aus diesen Modellen entstanden durch Veränderungen und Umbauten die Reihen 361 bis 365. Die 363 ist ein 1998 durchgeführter Umbau aus BR 365, neue Motoren wurden eingebaut. Die 365 wiederum konnte ferngesteuert werden.

Auch das ist eine V 60, die in den ersten Jahren des EDV-Zeitalters die neue Baureihenbezeichnung 260 erhielt

Die G 1206 von Vossloh

Die Rangierlok der Baureihe 294 fußt auf der V 100

Mittelschwere Loks

Daneben darf ein Modell aus der Zeit ab 1958 nicht fehlen. Die V 100 wurde aus der V 80 der ersten Diesellokreihe entwickelt. MaK aus Kiel hat hier eine zuverlässige und robuste Lok vorgestellt, die sich im Regional- und Güterverkehr hervorragend bewährte. Bei Modellbahnern ist sie sehr beliebt, was fast alle Hersteller veranlasst hat, eine V 100 (BR 211) ins Programm aufzunehmen. Man kann wählen, ob die Lok altrot, blau-beige, orientrot oder verkehrsrot sein soll. Ein verbessertes Upgrade dieser Loks ist die V 100.20, die statt 810 kW 993 kW leistete.

Optisch der V 100 sehr ähnlich, jedoch für Aufgaben im schweren Rangierdienst konzipiert ist die ab 1965 gebaute V 90 (BR 290) mit dem gleichen Motor, aber einer anderen Getriebeübersetzung, die weniger auf Geschwindigkeit und mehr auf Zugkraft ausgelegt war. Als BR 294 wurde sie eingeführt, wenn die Lok ferngesteuert werden konnte. Roco bietet ein Modell an.

Vossloh (früher MaK) baute Ende der Neunziger mit der G 1206 eine dieselhydraulische Lok für schwere Rangieraufgaben und kürzere Streckenfahrten. Sie wurde in die ganze Welt verkauft und bietet ein Beispiel dafür, wie kleinere Modellbahnhersteller Nischen füllen, die dem Interessierten seine Lieblingslok bescheren. Die G 1206 gibt es bei Mehano, bei Pico ist der leistungsstärkere, aber optisch sehr ähnliche Nachfolger G 1700 BB erhältlich.

Ein echtes Arbeitstier und eine sehr beliebte Modellbahnlok ist die V 100

Triebwagen

Vor 1945

Schon in den Jahren, die dem Ersten Weltkrieg unmittelbar vorausgingen, begann die Geschichte der deutschen Triebwagen. In erster Linie erfüllten sie Aufgaben im S-Bahn- und Regionalverkehr. Bekannt war der preußische Triebwagen-Zug ET 831/832 aus dem Jahr 1914, der auf dem elektrifizierten Netz in Schlesien die Haupt- und Nebenstrecken bediente. Teilweise zog er sogar Güterwagen mit. Im Modell ist dieser Triebzug eine Seltenheit, Trix hat ihn angeboten.

Nur in zwei Exemplaren wurde 1935 der legendäre „Gläserne Zug“ ET 91 gebaut. Er war auch bei der Bundesbahn noch ein sehr beliebtes Schienenfahrzeug, das Ausflüge in die bayerischen Alpen zu einem echten Vergnügen machte. Ab 1968 bildete der ET 91 01, der als einziger den Krieg überstanden hat, die Einfahrzeug-Baureihe 491. Fleischmann bietet einen „Gläsernen Zug“ in N, von Roco ist er als H0-Modell produziert worden. Obwohl es auch zur Entwicklung von Dampftriebwagen kam, waren es vor allem Elektrotriebwagen, auf die man baute. Im Schnellverkehr hatte allerdings ein Diesel die Nase vorn – mit dem allgemein als „Fliegender Hamburger“ bekannten SVT 137. VT ist die Abkürzung für Verbrennungs-Triebwagen, das „S“ davor bezeichnet (wie ein paar Jahre früher bei den Dampfloks) den Schnellverkehr. Da er nur in Norddeutschland verkehrte, konnte er außer Märklin die südlich der Mainlinie beheimateten Modellbahnhersteller offenbar nicht so begeistern. Gützold und Kato haben DDR-Versionen in H0, Tillig auch mit DRG-Lackierung in TT.

Kultobjekte

Die Epoche III besitzt zwei herausragende Vertreter der Triebwagentechnik, die gar nicht gegensätzlicher sein könnten. Der eine weltläufig, dynamisch und kraftvoll, der andere bodenständig, bescheiden und bedächtig. Die Rede ist vom VT 11^5 und dem Schienenbus. Beide sind zu Symbolen der späten fünfziger bis in die frühen siebziger Jahre geworden. Ab 1955 versuchte die Bundesbahn, den Dampf auf Nebenstrecken weiter einzudämmen. Da der einmotorige VT 95 aus dem

Der „Tatzelwurm“ ET 831/832 aus Schlesien

Der ET 31 kam ab 1935 im Fernverkehr zum Einsatz

Der „Gläserne Zug“ ET 91 (Baureihe 491)

Der ET 91 steht heute im Bahnpark Augsburg

Der TEE-Triebwagen VT 11^5 von Roco ...

... und im Original

Der Schienenbus VT 98/VS 98 dominierte den Nebenbahnverkehr in den Epochem III und IV

Jahr 1950 nicht allen Anforderungen genügte, wurde mit dem VT 98 ein zweimotoriger Nachfolger entwickelt, der zwischen 1955 und 1962 gebaut wurde. Der antriebslose Beiwagen erhielt vor der gleichen Ziffer das Kürzel VS. Auf Nebenstrecken, die ohne den Schienenbus unrentabel geworden wären, war der VT 98/VS 98 bis in die nahe Vergangenheit unersetzlich. Aus diesem Grund wird er von den meisten Herstellern angeboten, beide Baureihen sind auf dem Markt.

Als klar war, dass für den internationalen TEE-Verkehr leistungsstarke Zugfahrzeuge nötig sein würden, um auf nicht elektrifizierten Strecken hohe Geschwindigkeiten zu erreichen, beauftragte die Bundesbahn MAN für den Triebkopf, LHB und Wegmann für die Wagen mit der Entwicklung eines ebenso leistungsfähigen wie repräsentativen Schnellverkehrszuges. Knapp zwei Jahre später, 1957, erfolgte die erste Dienstfahrt. In der Folge wurde der VT 11^5 für viele nichts anderes als der „TEE“, der mit bis zu 160 km/h Fahrgäste 1. Klasse beförderte. Mit Einführung der EDV-Nummern wurde aus dem Triebwagen die Baureihe 601, die Wagen bekamen die 901. Roco, Trix und Märklin sorgen für TEE-Atmosphäre auf Modellbahnschienen.

Der ICE 3 im Modell ...

... und das Vorbild

Der ICE 2 mit der breiteren Front

Der ICE

An ihm scheiden sich die Modellbahngeister. Die einen lehnen ihn auf ihrer Anlage völlig ab und lassen lieber Dampfloks und E-Loks älterer Bauart verkehren, die anderen sind von der weißen Schlange mit den roten Streifen begeistert. Der ICE sorgt auch auf der Modellbahnanlage vielerorts für Neubaustrecken, denn seine Abmessungen erfordern große Kurvenradien. Oft sind es deshalb junge Neueinsteiger, die sich einen ICE wünschen und die Verkaufszahlen dieser Modelle klettern lassen. Märklin bietet alle drei ICE-Baureihen an, Fleischmann hat die beiden ersten und den ICE-T, die mit Neigetechnik ausgestattete Version. Piko bietet den ICE 3, Roco verkauft den Diesel-ICE in den Farben der dänischen Staatsbahn und günstige Startsets, die den ICE 1 oder 2 enthalten. Auch die Mittelwagen, die zwischen den Triebköpfen beziehungsweise Triebkopf und Steuerwagen laufen, kann man zusätzlich erstehen und so einen ICE in originaler Länge zusammenstellen. Doch Achtung! In H0 ist dieser Hochgeschwindigkeitszug dann über vier Meter lang.

Neues aus dem Regionalverkehr

Immer interessanter wird die Vielzahl der Triebzüge, die – nicht zuletzt bedingt durch die starke Zunahme privater Anbieter im Regionalverkehr nach der Bahnreform – in den verschiedensten Bauarten und Lackierungen zu haben sind. Das beginnt in den Fünfzigern schon mit dem „Eierkopf" ET 56 (BR 456), der einer Dieselvariante gleichen Spitznamens nachempfunden war. Der „RegioShuttle" von Adtranz war Mitte der neunziger Jahre der erste Dieseltriebwagen für den Nahverkehr, der eine ganze Welle anderer Modelle auslöste. Die DB AG – beeindruckt von dessen Leistungen bei Privatbahnen – übernahm 1999 diesen Typ als Baureihe 650 in über 80 Exemplaren. Roco bietet ihn als Modell an.

Im gleichen Jahr kam es auch zur Anschaffung des „Desiro" von Siemens, der als BR 642 über 230-mal in den Bestandslisten der DB AG auf-

Der „Desiro 4“ von Siemens wird auch in Österreich beschafft

Alstom hat den Coradia Continental entwickelt …

… ebenso die Baureihe 640 (LINT 27). Modell: Fleischmann

taucht. Außerdem kam Talbot zum Zuge mit seinen „Talent“-Triebwagen, die als Baureihe 643 (zweiteilig) und 644 (dreiteilig) geführt werden. Schließlich steuerte ebenfalls seit 1999 Alstom den „LINT 27“ bei, der als Baureihe 640 unter anderem bei Fleischmann im Sortiment ist. Trix und Märklin bieten den zweiteiligen LINT 41. Piko und Tillig in TT bieten eine Vielzahl bunter Modelle des „Desiro“ an. Bei den elektrischen Triebwagen findet man neben der S-Bahn-Baureihe ET 420 den „FLIRT“ bei Liliput. Besonders kleinere Anbieter versuchen immer mehr, sich mit hochaktuellen Neuentwicklungen für die Schiene im Modell zu profilieren. Es lohnt sich daher, die Augen offen zu halten und immer wieder einmal zu beobachten, was sich auf dem Markt Neues getan hat. Besonders die vor allem im regional- und Nahverkehr eingesetzten Triebwagen sind dank ihres attraktiven Designs und ihrer vielfältigen Lackierungsvarianten bei kleineren Anlagen, die in der gegenwärtigen Epoche spielen, eine überlegenswerte Anschaffung.

Eine letzte Fahrzeuggruppe wird man nicht vergessen dürfen, besonders wenn man einen Großstadtbahnhof anlegen will: die Straßen- oder Stadtbahnen. Hier gibt es alte und neue Modelle von verschiedenen Herstellern.

Die modernen Triebwagen sieht man heute in den verschiedensten Farben der Privatbahnen

Personenwagen

Unterwegs in Epoche I

Die ersten Wagen für die Beförderung von Passagieren waren den Kutschen sehr ähnliche Zweiachser, bei denen der direkte Zugang zum Abteil nur von der Außenseite möglich war. Geschlossene Wagen gab es anfangs noch nicht. Doch das änderte sich sehr schnell, denn der Fahrkomfort war ein wichtiges Instrument, um Kunden auf die Schiene zu holen. Auch waren die Wagen zunächst nicht von der Lok aus zu bremsen, weshalb immer ein Bediensteter der Bahn mitfahren und in seinem Bremserhäuschen bereit sein musste, den Wagen abzubremsen.

Die Passagiere konnten damals noch unter vier verschiedenen Klassen wählen, wobei es die vierte in Preußen ab 1852 gab und die anderen Staaten nur zögerlich mitmachten, einige süddeutsche gar erst 1906. In Preußen wurden die verschiedenen Klassen durch eigene Farben kenntlich gemacht. So kam es zu den berühmten zweifarbig lackierten Waggons. In Bayern dagegen waren alle Wagen dunkelgrün gestrichen. Im Oktober 1928 wurde die 4. Klasse abgeschafft, weil zu viele Passagiere sich mit Steh- und Sitzplätzen quer zur Fahrtrichtung begnügten und Geld sparen wollten. Die dritte Klasse fand 1956 ihr Ende. Ausschließlich die 1. Klasse gab es bei Luxuszügen wie dem Orientexpress, lediglich die 1. und 2. im „Rheingold" und anderen Schnellzügen. Bei der Reichsbahn wurden im D-Zug nur die ersten drei Klassen eingerichtet, beim Beschleunigten Personenzug bloß die 2. bis 4. Klasse.

Wagen 2. Klasse der München-Augsburger Eisenbahn von 1838

Zweiachsiger Durchgangswagen 3. Klasse der Bayerischen Staatsbahn von 1892

Vierachsiger Abteilwagen der Preußischen Staatsbahn von 1904

Schnellzugwagen 3. Klasse der K.Bay.Sts.B

Durchgangswagen

Da die Abteilwagen unpraktisch waren, begannen süddeutsche Eisenbahnverwaltungen in den 1870er-Jahren damit, Durchgangswagen mit Plattformen an den Enden nach dem Vorbild der USA zu bauen. Die Wagen des Schnellverkehrs wurden länger und zunächst dreiachsig, später vierachsig mit zwei Drehgestellen. Jetzt konnten die Passagiere die (seit 1865 eingebaute) Toilette aufsuchen und der Zugführer musste nicht jedes Abteil einzeln von außen betreten. Die Wagen wurden um die Jahrhundertwende und Anfang des 20. Jahrhunderts mit Bremsen ausgestattet, sodass der Bremser entfallen konnte.

Ein weiterer Schritt gelang 1891 den Preußen, die mit dem D-Zug erstmals die Möglichkeit boten, im gesamten Zug von vorn nach hinten durchzugehen (D bedeutet Durchgang).

Reko-Personenwagen 2. Klasse der DR von LGB

Reisezugwagen werden rangiert

Verschiedene Triebzüge, in Rot die Doppelstockwagen für den Nahverkehr, ganz vorn ein TEE aus der Schweiz

Die Wagen dieser Generationen hatten üblicherweise Aufbauten aus Holz. Das war besonders bei Unfällen problematisch, denn von dem splitternden Holz zogen sich sehr viele Passagiere schwere Verletzungen zu, außerdem war die Brandgefahr wegen des mitgeführten Petroleums für die Beleuchtung sehr hoch. Aus diesem Grund begann die Preußische Staatseisenbahn ab 1913 mit der Einführung von Wagen aus Ganzstahl.

„Donnerbüchsen" und „Schürzenwagen"

Bei der Reichsbahn wurde dieser Trend fortgesetzt. Nach dem Ersten Weltkrieg kam es um 1920, 1926 und 1928 bei den Schnellzugwagen zu weiteren Modellen, die 21,72 Meter lang waren. Ab 1921 wurden für den normalen Personenverkehr die „Donnerbüchsen" eingeführt, Holz- oder Ganzstahlwagen in 13,4 Meter Länge. Diese Wagen fuhren in Deutschland vereinzelt bis in die siebzi-

Wichtige Abkürzungen bei Benennungen der Wagen	
A	1. Klasse
B	2. Klasse
C	3. Klasse
D	4. Klasse (bis 1928) oder Doppelstockwagen
AB	1. und 2. Klasse in einem Wagen, andere Klassen analog benannt
2 oder 3 oder 4	zwei-, drei- und vierachsig
i	mit Übergang, aber ohne Faltenbalg (z.B. bei „Donnerbüchsen")
ü	Übergang in andere Wagen möglich
Pw oder D	Gepäckwagen
S	Schnellzugwagen
WR	Restaurantwagen
k	Kücheneinrichtung (z.B. bei „Rheingold"-Wagen)
WL	Schlafwagen

zum Beispiel: SA 4ük-28 bedeutet: vierachsiger Schnellzugwagen 1. Klasse mit Übergang und Kücheneinrichtung, Bauart 1928

Ältere Silberlinge eigenen sich für solche „Umbauten“

ger Jahre. Die 1928 vorgestellten „Rheingold“-Wagen waren mit 23,5 Metern noch ein Stück länger. Sie wurden mit exquisiten Polstersitzen und einer Bordküche ausgestattet, dank der eine Bedienung der Passagiere am Platz möglich wurde. Ab 1931 wurden die Wagen nicht mehr genietet, sondern geschweißt.

1935 wurden die „Schürzenwagen“ eingeführt. Diese schnittigen Wagen erlaubten Zuggeschwindigkeiten von bis zu 150 km/h. Erkennbar waren sie durch die weit über die Puffer gezogene und zwischen den Drehgestellen heruntergezogene Außenhaut sowie die bündig abschließenden Türen und Fenster. Auch Schlaf-, Speise-, Gepäck- und Postwagen wurden gebaut. Mehrere Hundert dieser Wagen konnten ausgeliefert werden.

Doppelstockwagen

Eine Sonderrolle nahmen die Doppelstockwagen der Lübeck-Büchener Eisenbahn aus dem Jahr 1936 ein, einer Privatbahn, die die Hansestädte Hamburg und Lübeck miteinander verband. Sie boten besten Komfort inklusive Klimaanlage, der allerdings mit Übernahme der Bahn durch die DRG 1938 sank. Während bei der Bundesbahn lediglich Einzelstücke verkehrten, hatte sich in der DDR eine starke Doppelstockwagen-Flotte entwickelt. Hersteller war der VEB Waggonbau Görlitz, der auch nach der Wende, dann im Besitz von Bombardier, weiter Doppelstockwagen produzierte. In Gesamtdeutschland war erst Anfang der neunziger Jahre im Regionalverkehr der Einsatz von Doppelstockwagen zu verzeichnen.

„Silberlinge“ und Fernverkehr

Nach dem Krieg begann der höherwertige Verkehr zunächst mit den „Schürzenwagen“, während die „Donnerbüchsen“ den einfachen Verkehr bedienten.

1961 schlug die Stunde der „Silberlinge“. Während in der DDR weiter Wagen der Länge 23,5 Meter gebaut wurden, konnten diese modernen und komfortablen Wagen die neue Standardlänge von 26,4 Metern aufweisen. Sie bestimmten damit das Maß der späteren internationalen UIC-X-Konventionen. Die „Silberlinge“ erhielten die Bezeichnung „n“, was Nahverkehrswagen mit einer Länge von mehr als 24,5 Metern bedeutet. Diese Wagen wa-

„Donnerbüchse“ 1. und 2. Klasse im Modell von Lenz

Ein „Silberling"-Nahverkehrspersonenwagen

Ein Eurofima-Wagen am Bahnsteig

ren aus poliertem Edelstahl, auf eine Lackierung wurde verzichtet, weshalb sie silbern leuchteten. Etwa 5.000 Exemplare wurden beschafft. Bis heute – allerdings nach mehreren Umbauten und inzwischen mit einer verkehrsroten Lackierung – sind die „Silberlinge" im Einsatz.

Für den Schnell- und Fernverkehr wurden die m-Wagen entwickelt, die ebenfalls 26,4 Meter lang waren. Mitte der siebziger Jahre hatten sechs europäische Bahnverwaltungen einheitliche Standards verabschiedet, die zu den Eurofima-Wagen führten. Diese werden heute vor allem bei EC- und IC-Verkehren eingesetzt. In der DDR wurden die Bautzner und die Halberstädter Wagen gebaut. Bei den gegenwärtigen Zügen im Schnellverkehr ist man vom Abteilwagen völlig abgekommen. Der Großraumwagen beherrscht den Personenverkehr inzwischen völlig.

Speisen und Schlafen

Ein eigenes Feld sind die Speise- und Schlafwagen. Sie sind seit jeher eine Domäne der teuren Klasse(n) und für einen stilechten Modellzug im Fernverkehr schlicht unverzichtbar. Auch sie machten die konstruktive Entwicklung des Wagenmaterials mit. Die ersten Speisewagen wa-

Fern und nah: Weiß-blauer CityNightLine und roter Doppelstockzug, wie er im Regionalverkehr häufig zu sehen ist

Grün war die Wagenfarbe in Epoche II bis IV

ren noch aus Holz gefertigt, innen edel gehalten und für betuchte Bahnreisende bereits Ende des vorletzten Jahrhunderts ein angenehmer Aufenthaltsort. Die MITROPA baute Speisewagen auf der Basis der 28er-Wagen in Ganzstahlbauweise. Die Wagen wurden dunkelrot lackiert. Ein besonderes Modell war der sechsachsige Speisewagen der DSG, der in den fünfziger und sechziger Jahren eingesetzt wurde. Er stammte aus einem Regierungszug der Nazis in Bauweise der „Schürzenwagen" und wurde nach Verwendung durch die amerikanische Armee zum Speisewagen umgebaut.

Schlafwagen sind ebenfalls in allen Epochen gebaut worden, gehören aber zu den seltener ins Modell adaptierten Wagen. Die gegenwärtigen Wagen der CityNightLine sind im Fernblau der InterRegio-Züge gehalten.

Die Anzahl der produzierten Wagen für Modellbahnen ist nicht mehr überschaubar. Wer seine Züge sinnvoll bilden will, sollte zunächst auf die passende Epoche achten und sich dann beim Fachhändler nach lieferbaren Modellen erkundigen oder übers Internet Exemplare beziehen, die nicht mehr lieferbar sind. Der Vielfalt an Möglichkeiten sind keine Grenzen gesetzt.

Drei berühmte Speisewagen

1. Luxus: Teak-Speisewagen der Schweizerischen Südostbahn

2. Besonderheit: sechsachsiger Speisewagen der DSG

3. Legende: Speisewagen der MITROPA aus Epoche III

Güterwagen

Güterzüge gehören nicht nur im Vorbild zu den wichtigsten Unternehmungen der Bahn, sie sind besonders bei Modellbahnern sehr beliebt. Das liegt zum einen daran, dass hier ein größerer Rangierbetrieb erforderlich ist, zum anderen aber daran, dass solche Züge nicht so lang sein brauchen – vor allem, weil die Wagen sehr viel kürzer als Personenzugwagen sind. Güterverkehr kann auch auf einer kleineren Anlage simuliert werden.

Bayerischer Güterwagen um 1850

Geschweißter Güterwagen der Bauart Om

Vom Holzwagen zum Leig

Die frühen Güterwagen waren meist offen oder geschlossen mit Holzaufbau. Die einfachen Bremsen wurden von mitfahrendem Personal an jedem Wagen einzeln betätigt. Das änderte sich erst 1926, als die durchgehende Bremse bei allen Wagen eingeführt war. Damit starb der Beruf des Bremsers aus. Die Qualität der Bremse bestimmt ja auch maßgeblich die erlaubte Höchstgeschwindigkeit mit. Hier wurde sie um ganze 10 auf 40 km/h angehoben.

Geschwindigkeit wurde bei der zunehmenden Konkurrenz des Lkw-Verkehrs im Transport von Stückgütern immer wichtiger. Bislang hatten schwere Güterzugloks die Aufgabe, bis zu 30 Wagen zu ziehen. Allein die Be- und Entladung dauerte viel zu lange. Deshalb kam man auf die Idee, kürzere Einheiten mit Schiebetürgüterwagen zu bilden, die am Haken von leichteren – zum Teil älteren Loks der Länderbahnzeit – schneller zu bearbeiten waren. Dieser Einfall war Gold wert, denn der Lkw war nach kurzer Zeit ausgestochen. Das erfolgreiche Konzept bekam einen Namen: Leig, was nichts anderes bedeutete als „leichter Güterwagen". Weil das System so erfolgreich war, mussten neue Wagen, sogenannte Leig-Einheiten, entwickelt werden, die als Typ „Dresden" bekannt wurden. Der Leig durfte höchstens zehn Achsen haben, seine Höchstgeschwindigkeit lag bei 65 km/h. Zur Schnelligkeit der mit „Stückgut-Schnellverkehr" beschrifteten Züge trug auch bei, dass die Ladung während der Fahrt umgearbeitet werden konnte. Leigs fuhren auch noch bei der Bundesbahn, vereinzelt bis in die siebziger Jahre.

Leig-Einheit für den Stückgutschnellverkehr

Zweiachsiger Güterwagen G 10 mit Bremserhaus

Offener Güterwagen mit Drehgestellen

1909 wurde der Deutsche Staatswagenverband gegründet, an dem alle deutschen Staatsbahnen beteiligt waren. Sie überführten ihre Wagen in einen gemeinsamen Wagenpark von über einer halben Million Exemplaren, aus dem sich alle bedienen konnten. Außerdem wurden Normen über einheitliche Anschriften, die rotbraune Lackierung und detailliert festgelegte Neubau-Wagentypen verabschiedet, die eine universale Nutzung ermöglichten.

Offene Güterwagen

Eine herausragende Rolle spielte stets der offene Güterwagen. Der eignete sich aber nur für witterungsunabhängige Waren. Viele Ältere erinnern sich noch an die Vielzahl von Kohletransporten mit diesen Wagen. Die seitlichen Bordwände konnten teilweise zum Be- und Entladen heruntergeklappt werden. Ohne Bordwände sind die Flachwagen, auf denen schwere Güter transportiert werden, und heute die immer wichtiger werdenden Container. Spezielle Arten sind hier der Rungenwagen und der Autotransportwagen, der allerdings zweistöckig ist. Rungen sind nach oben stehende Stangen, die Langgüter vor dem seitlichen Herunterrutschen bewahren. Früher gehörten auch Viehwagen und Pferdetransporter zum Bestand der Bahn.

Offene Modellbahn-Güterwagen eignen sich hervorragend zur Beladung mit interessanten Gütern

Schüttgutwagen sind bei Baustellen im Einsatz

Dieser offene Güterwagen der Bauart Rlmms transportiert Zirkuswagen

Ein sehr seltener Bierwagen Ichqrs einer Augsburger Traditionsbrauerei

Containertragwagen Lgbjs von Roco

Meist im Industriebesitz: Schüttgut- und Kesselwagen

Sehr beliebt bei Modellbahnern sind Schüttgutwagen und Kesselwagen. Erstere eignen sich zum Transport von Sand, Getreide oder anderen Waren, die zwar fest sind, aber geschüttet werden können. Sie sind besonders dann wichtig, wenn man ein Bergwerk anlegt oder eine Baustelle, zum Beispiel für eine neue Strecke, in die Anlage integrieren will. Kesselwagen befördern Flüssigkeiten und Gase – und sie sind in den letzten Jahren immer wichtiger geworden, da sie die Kraftstoffe, das Heizöl, chemische Produkte oder auch Wein sicher von A nach B bringen. Die Kesselwagen gehörten immer den Herstellern, weshalb es so viele Modelle mit attraktiven bunten Aufschriften zu kaufen gibt.

Kühlguttransporte

Weil auch immer Produkte transportiert werden mussten, die bei niedrigeren Temperaturen aufzubewahren sind, hat sich der Kühlwagen bewährt, der Ende des 19. Jahrhunderts aufkam. Vor allem Fisch, Bier, Milch, Obst und Gemüse wurden transportiert. Viele Wagen gehörten wiederum den Herstellern. Dank der vielfältigen zeitgenössischen Werbeaufschriften sind sie attraktive Wagen für Modellbahnanlagen. Kühltransporte sind heute weitgehend von den Schienen verschwunden und auf die Straße verlagert worden. Kühlwagen sind deshalb vor allem in den Epochen I bis IV einsetzbar.

Von der Straße auf die Schiene

Eine weitere Spielart des Güterverkehrs ist die „Rollende Landstraße“. Dieser Zug, der mit Niederflurwagen bestückt ist, transportiert Lkw und ist vor allem im Alpentransit zu finden. Die Modellbahnproduzenten haben auf diesen Trend reagiert, und so kann man dank Wagen von Liliput, Märklin, Trix und Fleischmann seine Anlage mit einer „Rollenden Landstraße“ schmücken. Ideal ist es, wenn man einige aus der Vielzahl von Lastkraftwagenmodellen mit Werbeaufdrucken der verschiedensten Hersteller und Speditionen auf die Wagen stellt.

Rungen- und Containerwagen in einem Güterzug, wie man ihn heute oft antrifft

Schotterpflug USP 2000 SWS aus dem Jahr 2004

Arbeitswagen

Gerade dem Modellbahner, der interessante Geschichten erzählen will, sind die verschiedenen Bahndienstwagen eine willkommene Abwechslung. Zu diesen Fahrzeugen gehören zum Beispiel Schneepflüge, Messwagen, Kräne und Gleisbaufahrzeuge.

Sehr sinnig ist der Beobachtungswagen von Märklin, der aus einem Reisezugwagen umgebaut wurde. Der Clou: Er beobachtet wirklich, denn er besitzt eine echte Onboard-Kamera, die eine Führerstandsmitfahrt am Bildschirm ermöglicht. Das ist ein Modellbahn-Trend, der durch Mikrokameras möglich wurde und der neue Einblicke in die Anlage ermöglicht.

Gleise sind nicht wartungsfrei. Diese Binsenweisheit macht nicht nur dem Modellbahner zu schaffen, sondern auch dem Vorbild. Früher oblagen diese Aufgaben einem Heer von Gleisbauarbeitern, die unter schweren körperlichen Anstrengungen den ordnungsgemäßen Zustand wiederherstellten. Heute erledigt das eine Gleisstopfmaschine, die in einer Stunde einen ganzen Kilometer Gleis bearbeiten kann. Zur optimalen Profilierung des Schotters kann heute ein Schotterpflug eingesetzt werden (Modell als Kibri-Bausatz), der für einen exakten Damm und die richtige Menge Schotter sorgt, indem er überschüssigen aufnimmt und, wenn Material fehlen sollte, welches dazugibt. Maßgeblich bei solchen Fahrzeugen ist die österreichische Firma Plasser & Theurer, Modelle gibt es beispielsweise von Liliput.

Für die Wartung und Reparatur des Fahrdrahts setzt die Bahn Zweiwegefahrzeuge ein. Das sind Lkw, die zusätzliche ausfahrbare Radsätze für die Fahrt auf Schienen besitzen. Es gibt solche Modelle zum Beispiel bei Herpa.

Motorisierte Gleisstopfmaschine von Plasser & Theurer aus der Epoche IV

Der berühmte Schienenzeppelin als Märklin-Modell

Andere Fahrzeuge

Es gibt bei der Eisenbahn historische Vorbilder, die für Kenner der Materie ein Faszinosum darstellen, auch wenn sie in der Realität bei weitem nicht die Bedeutung hatten, die man ihnen heute vielleicht beimisst. Der „Culemeyer" zum Beispiel ist für die Freunde der Epochen II und III fast schon eine Legende, symbolisiert er doch nichts anderes als die Eroberung der Straße durch die Eisenbahn. Das Prinzip war Folgendes: Der Güterwagen wurde auf die Plattform des Wagens gefahren und dann mit einer Zugmaschine – meist einem Kaelble – zu seinem Bestimmungsort gezogen. Dort wurde die Ladung gelöscht. Dieser Anhänger existiert in verschiedenen Ausführungen. Die älteste, vom Reichsbahnoberrat im Reichsbahn-Zentralamt für Maschinenbau in Berlin Johannes Culemeyer 1931 entwickelte Form, hatte noch vier Achsen mit acht Außen- und acht Innenrädern, später wurden es bis zu zwölf Achsen. Verglichen mit dem traditionellen Güterverkehr war das „fahrbare Absetzgleis", so der offizielle Name des Wagens, sehr gering. Modelle gab beziehungsweise gibt es von Wiking, Weinert, Märklin und verschiedenen kleineren Anbietern.

Als Anfang des 20. Jahrhunderts in Deutschland am Himmel ein silbern leuchtendes Luftschiff auftauchte, kannte die Begeisterung keine Grenzen. Zeppelin, der nach einem Wort Kaiser Wilhelms größte Deutsche des Jahrhunderts, wurde ein Nationalheld. Einige Bauprinzipien des Flugzeugbaus nutzte Ende der zwanziger Jahre der Ingenieur Franz Kruckenberg, um ein in jeder Hinsicht einzigartiges Fahrzeug zu konstruieren. Ziel war es, einen Hochgeschwindigkeitstriebwagen zu bauen. Aus diesem Grund war ein aerodynamisches Design geschaffen worden – wir finden die Form noch nach dem Krieg beim TEE-Triebwagen VT 11^5 wieder. Das Gerüst bestand ähnlich wie beim Zeppelin aus Aluminiumspanten, die von einem behandelten Segeltuchstoff umhüllt waren. Das Gewicht des Fahrzeugs konnte auf diese Weise bei 20 Tonnen gehalten werden. Als Antrieb fungierte ein 600 PS starker Zwölfzylinder-Flugmotor von BMW, der eine Druckluftschraube bewegte. 1931 schaffte der Schienenzeppelin die Strecke Hamburg–Berlin in 98 Minuten. Dabei stellte er einen neuen Geschwindigkeitsweltrekord für Schienenfahrzeuge auf: 230,3 km/h. Doch das Fahrzeug blieb ein Einzelstück und kam nie in den Planbetrieb der Reichsbahn. Modelle gibt es von Märklin und dem Kleinserienanbieter Hobbytrain.

Culemeyer-Transport

Ebenfalls zur Eisenbahn gehörend, aber fast immer privat betrieben, sind die Zahnradbahnen und die Standseilbahnen. Wer mehr Platz für seine Anlage hat, kann mit einer Seilbahn auf den Berg interessante Spielsituationen gestalten. Von Brawa gab es – und kann aus anderen Quellen immer noch bezogen werden – eine Standseilbahn mit Ausweichgleis in H0. Es handelt sich um die Nachbildung der Stuttgarter Standseilbahn zum Waldfriedhof. In der Regel wird sich der Modellbahner jedoch ein anderes Ziel suchen. Die Wagen werden durch ein Seil, das in der Bergstation angetrieben wird, nach oben gezogen. Im Unterschied dazu verfügt eine Zahnradbahn über einen eigenen Antrieb. Auch hier gibt es, zum Beispiel von Fleischmann, Lokmodelle.

Wer solche „Exoten" auf seine Modellbahnanlage holt, kann sicher sein, dass bewundernde und erstaunte Blicke nicht ausbleiben.

Bild oben: Die Standseilbahn mit Ausweichgleis von Brawa ist ein Juwel jeder Modellbahnanlage

Bild rechts: Die PILATUS-BAHN ist mit bis zu 48% Steigung die steilste Zahnradbahn der Welt. Sie führt von Alpnachstad/Luzern nach Pilatus Kulm

Zugbildung

Dieses Thema ist eigentlich so umfangreich, dass man ein ganzes Buch darüber schreiben kann. Aus Platzgründen dürfen wir aber nur einige wichtige Themen anreißen. Wer sich mehr informieren will, kann sich weiterführender Literatur hingeben, sich in Eisenbahnbildbänden sowie Zeitschriften anschauen, welche Züge unterwegs waren.

Es gibt ein paar Regeln, die auch der Einsteiger sehr leicht einhalten kann und die ohne großes Detailwissen einen realistischen Fahrbetrieb sichern. Eine der wichtigsten Grundregeln, die bis 1936 galt und auch später noch umgesetzt wurde, war, dass hinter einer Dampflok immer ein Gepäck- oder Güterwagen laufen musste. Dies geschah, um die Rauchbelästigung der Passagiere möglichst gering zu halten. Außerdem war im Fall einer Kesselexplosion oder eines Unfalls der erste Wagen immer sehr gefährdet.

Dieses Prinzip ist den Eisenbahnern so in Fleisch und Blut übergegangen, dass es auch bei Elektroloks angewendet wurde.

Dampfloks mit Schlepptender laufen immer in eine Richtung, Wendezüge wurden nur mit Tenderloks zusammengestellt.

In der Einleitung zum Kapitel „Alles was rollt" haben wir gesehen, dass die Dampfloks im Bauartenbezeichnungssystem der Reichsbahn nach Schnellzug-, Personen- und Güterzug-Lokomotiven unterschieden worden waren. Das Gleiche gilt auch bei Elektroloks. Bis E 19 handelte es sich um Schnellzugloks, 40er und 50er waren vor allem für den Güterverkehr konzipiert.

Für Dampfloks gilt: Baureihen von 01 bis 19 bedienen den Schnellverkehr, Baureihen zwischen 20 und 39 sowie 60 und 79 übernehmen Personenzüge. Dem Güterverkehr bleiben die Baureihen 40 bis 59 und 80 bis 96.

Bei den Dieselloks sieht es etwas anders aus. Hier entspricht die Zahl in etwa der PS-Leistung. Je höher sie ist, desto leistungsfähiger ist die Maschine. Mit Einführung der EDV-Nummern hat sich das Bild gewandelt.

Schon vor dem ICE gab es Züge, die eine feste Einheit bildeten und in ihrer Zusammenstellung kaum Variationen kannten. Dazu gehört der Henschel-Wegmann-Zug, der von Juni 1936 bis Kriegsausbruch zwischen Dresden und Berlin verkehrte. Er bestand aus der Stromlinientenderlok der Baureihe 61 und Schnellzugwagen, die wie die Lok dreifarbig silbergrau/beige/lila lackiert waren.

Auch bei festen Garnituren gibt es bestimmte Regeln. So hatte der „Rheingold" hinter dem Gepäckwagen stets eine gerade Anzahl Personenwagen, da eine Küche für zwei Wagen genutzt wurde. In der Regel führte diesen Zug eine badische IVh der Baureihe 18^3 oder die bayerische S 3/6 (Baureihe 18^{4-5}).

Man sollte immer darauf achten, dass Lok und Wagen epochenmäßig und vom Betrieb her zusammenpassen. So kann eine V 200 durchaus „Silberlinge" ziehen, hat aber sicher nie Halberstädter Personenwagen aus der Reichsbahn der DDR am Haken gehabt. Ein anderes Beispiel:

Bei den preußischen Personenzügen waren die Klassen farblich voneinander abgehoben

„Rheingold"-Zug der zwanziger Jahre. Fehlt nur noch der vierte Personenwagen und die 18er-Lok

Vielfalt an Ladung muss zusammenpassen

Der Altmeister der Lokfotografie Bellingrodt hat hier eine 01 erwischt

Auch die E-Lok hat zuerst einen Gepäckwagen am Haken

Preußische Tenderlok und bayerische Schnellzugwagen passen in der Regel nicht zusammen. Für den Güterverkehr gibt es neben dem Leig, von dem im Abschnitt über die Güterwagen bereits die Rede war, in neuerer Zeit den Ganzzug. Das ist eine feststehende Garnitur von meist baugleichen Güterwagen, die nie getrennt werden. Ihre Domäne ist der Massengutverkehr.
Bei der Beladung der Güterzüge sollte man darauf achten, das Transportgut einsatz- und epochengerecht zu gestalten. So sollten aus einem Sägewerk keine Kesselwagen rollen oder in Epoche I keine modernen Sportwagen transportiert werden.
Vorspannloks werden eingesetzt, wenn die arbeitende Lok einen Defekt hat oder wenn sie eine Steigung allein nicht bewältigen kann. Man sollte aber unrealistische Szenen vermeiden, etwa wenn es sich bei der Vorspannlok um eine E-Lok handelt, der Stromabnehmer aber eingefahren ist. Die gezogene Lok befindet sich nie ganz vorn, die geschobene nie am Zugende.

Der einheitlich gestaltete Henschel-Wegmann-Zug

Adressen von Anbietern

Bei den folgenden Adressen kann man Modellbahnfahrzeuge kaufen. Die Preise und das Angebot sind sehr unterschiedlich. Die Liste erhebt keinen Anspruch auf Vollständigkeit, der Autor kann nicht gewährleisten, dass die Adressen nach Drucklegung noch aktuell sind. Neben diesen Anbietern gibt es noch einige Produzenten von Kleinserien. Interessierte wenden sich am besten an einen ortsansässigen Modellbahnclub, der sicher gern weiterhilft. In der Regel sind diese Kleinserienmodelle für den Einsteiger oder normalen Modellbahner zu teuer – immerhin handelt es sich um speziell in Handarbeit angefertigte Fahrzeuge.

BEMO Modelleisenbahnen GmbH u. Co. KG
Stuttgarter Straße 59 • 73066 Uhingen
www.bemo-modellbahn.de

BRAWA Artur Braun Modellspielwarenfabrik GmbH & Co.
Uferstraße 26–28 • 73625 Remshalden
www.brawa.de

Gebr. FLEISCHMANN GmbH & Co. KG
Adlerstraße 2 • 91560 Heilsbronn
Tel.: 09872-9533-0 • Fax: 09872-9533-299
www.fleischmann.de

GÜTZOLD GmbH & Co.
Marienthaler Straße 7 • 08060 Zwickau
www.guetzold.de

HORNBY Deutschland GmbH
(bietet Arnold, Rivarossi, Lima an)
Ostpreußenstraße 13 • 96472 Rödental
Tel.: 09563-5036-0 • Fax: 09563-3071-24
www.hornby.de
http://de.arnold.hornbyinternational.com/
http://de.rivarossi.hornbyinternational.com/
http://de.lima.hornbyinternational.com/

Kiss Modellbahnen
Friedrichstraße 12a • 68519 Viernheim
www.kiss-modellbahnen.de

Lenz Elektronik GmbH
Hüttenbergstraße 29 • 35398 Gießen
Tel.: 06403-90010 • Fax: 06403-900155
www.digital-plus.de und www.spuro.de

Liliput:
Bachmann Europe Plc
Niederlassung Deutschland
Am Umspannwerk 5 • 90518 Altdorf bei Nürnberg
Tel.: 09187-97220 • Fax: 09187-972222
www.liliput.de

Gebr. Märklin & Cie. GmbH
Stuttgarter Straße 55-57 • 73033 Göppingen
Tel.: 07161-608-0 • Fax: 07161-69820
www.maerklin.de

MEHANO d.o.o.
Izola, Polje 9 • SI-6310 Izola (Slowenien)
www.mehano.si

Modellbau Petau
Paul Petau
Mozartstraße 3 • 59872 Meschede
Tel.: 02903-7545 • Fax: 02903-851093
www.mbpetau.de

PIKO Spielwaren GmbH
Lutherstraße 30 • 96515 Sonneberg
Tel.: 03675-8972-42 • Fax: 03675-8972-50
www.piko.de

Roco:
Modelleisenbahn GmbH
Plainbachstraße 4 • A-5101 Bergheim
Tel.: 0043 (0)5-7626-0 • Fax: 0043 (0)5-7626-1599
www.roco.at

TILLIG Modellbahnen GmbH & Co. KG
Promenade 1 • 01855 Sebnitz
www.tillig.com

TRIX Modelleisenbahn GmbH & Co. KG
Witschelstraße 104 • 90431 Nürnberg
oder Postfach 4924 • 90027 Nürnberg
Tel.: 0911-36012-0 • Fax: 0911-36012-46
www.trix.de

Weinert-Modellbau
Mittelwendung 7 • 28844 Weyhe-Dreye
www.weinert-modellbau.de

Wolfgang Lemke GmbH
Schallbruch 34a • 42781 Haan (Rheinl.)
(bietet auch Produkte des japanischen Modellbahnherstellers Kato an)
www.lemkecollection.de

WAGENWERK
Joachim Reinhard
Brockhauser Weg 43 • 58675 Hemer
Tel.: 02372-550324 • Fax: 02372-550323
www.wagenwerk.de

4. Planung einer Modelleisenbahn-Anlage

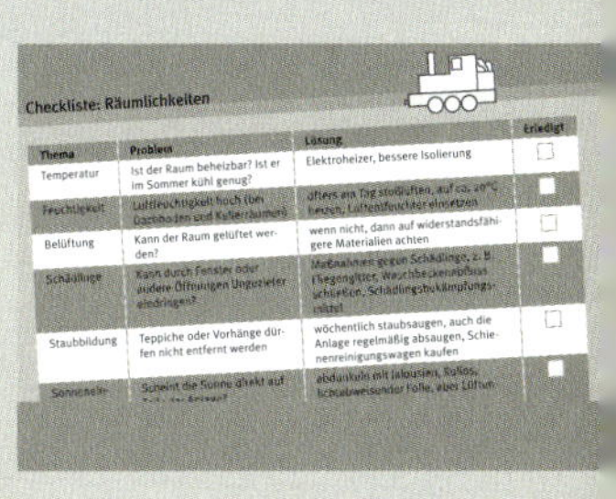

Checkliste: Räumlichkeiten

Thema	Problem	Lösung	Erledigt
Temperatur	Ist der Raum beheizbar? Ist er im Sommer kühl genug?	Elektroheizer, bessere Isolierung	
Feuchtigkeit	Luftfeuchtigkeit hoch (bei Dachböden und Kellerräumen)	öfters am Tag stoßlüften, auf ca. 20°C heizen, Luftentfeuchter einsetzen	
Belüftung	Kann der Raum gelüftet werden?	wenn nicht, dann auf widerstandsfähigere Materialien achten	
Schädlinge	Kann durch Fenster oder andere Öffnungen Ungeziefer eindringen?	Maßnahmen gegen Schädlinge, z. B. Fliegengitter, Waschbeckenabfluss schließen, Schädlingsbekämpfungsmittel	
Staubbildung	Teppiche oder Vorhänge dürfen nicht entfernt werden	wöchentlich staubsaugen, auch die Anlage regelmäßig absaugen, Schienenreinigungswagen kaufen	
Sonnenein-	Scheint die Sonne direkt auf [illegible]	abdunkeln mit Jalousien, Rollos, lichtabweisender Folie, aber Lüftun-	

4. Planung einer Modelleisenbahn-Anlage

Die erste Bekanntschaft mit einer Modellbahn machen viele Menschen in ihrer Kindheit an Weihnachten oder an einem Geburtstag. Nachdem sie das Geschenk ausgepackt haben, bauen sie die Gleise auf dem Fußboden oder einem Tisch auf. Meist muss die kleine Anlage aber bald wieder demontiert werden, da der beanspruchte Platz für andere Zwecke vorgesehen ist. Die Modellbahn verschwindet dann oft wieder in der Verpackung und wird in den Speicher gestellt. Um dieses Schicksal zu vermeiden, ist für den angehenden seriösen Modelleisenbahner eine Vorausplanung unerlässlich. Die Weichen für den Erfolg der Anlage sollten, sozusagen, schon am Anfang gestellt werden.

Die räumlichen Möglichkeiten

Zu den ersten Überlegungen gehört, wo man die Anlage aufbauen möchte, ob sie mobil, permanent oder erweiterbar sein soll und welche Form man ihr geben möchte. Der Platz ist ein grundlegendes Problem für den Modellbahner, denn meist geht es nicht nur darum, eine eingleisige Hauptstrecke aufzubauen, sondern auch einen Bahnhof, eine Landschaft, einen Berg, eine Straße, vielleicht sogar eine kleine Stadt zu erstellen.

Abhängig von der Spur, die man gewählt hat, kann dies einen beachtlichen Teil des verfügbaren Raums einnehmen. Bei einer Anlage in der Nenngröße H0 ist das Modell beispielsweise um das 87-fache kleiner als das Original. Ein Meter in der Modellwelt entspricht somit 87 Metern in der Realität. Der Modellbahner muss sich deshalb gut überlegen, wie er seine Wünsche und Ziele auf der beschränkten Fläche verwirklichen kann. Eine Platte, die man für sein Hobby reserviert hat, wird schnell zu klein, und eine Anlage, die man entlang einer Wand aufgebaut hat, möchte man bald mit Anbauten versehen, die störend bei der Nutzung des Raums sein könnten. Einige Möglichkeiten, in welcher Form man seine Anlage aufbauen kann, findet man in Kapitel 5.

Der Traum jedes Modellbahners ist natürlich ein eigener Raum, den er speziell seinem Hobby wid-

Bei dieser im Entstehen begriffenen Anlage ist ein Berg mit eingeplant

Checkliste: Räumlichkeiten

Thema	Problem	Lösung	Erledigt
Temperatur	Ist der Raum beheizbar? Ist er im Sommer kühl genug?	Elektroheizer, bessere Isolierung	☐
Feuchtigkeit	Luftfeuchtigkeit hoch (bei Dachboden und Kellerräumen)	öfters am Tag stoßlüften, auf ca. 20 °C heizen, Luftentfeuchter einsetzen	☐
Belüftung	Kann der Raum gelüftet werden?	wenn nicht, dann auf widerstandsfähigere Materialien achten	☐
Schädlinge	Kann durch Fenster oder andere Öffnungen Ungeziefer eindringen?	Maßnahmen gegen Schädlinge, z. B. Fliegengitter, Waschbeckenabfluss schließen, Schädlingsbekämpfungsmittel	☐
Staubbildung	Teppiche oder Vorhänge dürfen nicht entfernt werden	wöchentlich staubsaugen, auch die Anlage regelmäßig absaugen, Schienenreinigungswagen kaufen	☐
Sonneneinstrahlung	Scheint die Sonne direkt auf Teile der Anlage?	abdunkeln mit Jalousien, Rollos, lichtabweisender Folie, aber Lüften nicht vergessen	☐
Diebstahlsicherung	Stellt die Anlage einen Anreiz für Diebe dar?	Fenster und Türen sichern, Alarmanlage, bei Ausstellungen oder Modultreffen Eigentum ggf. kennzeichnen, nie unbeaufsichtigt lassen	☐

men kann. Meist liegt dieser Raum im Keller oder unter dem Dach. Vereine können es sich auch leisten, einen großen Raum oder eine ganze Halle anzumieten. Nur wenige Privatpersonen sind jedoch bereit oder in der Lage, für die ohnehin nicht ganz billige Liebhaberei noch zusätzliche finanzielle Mittel für eine Miete aufzubringen. Wer im eigenen Haus einen Raum dafür übrig hat, kann seiner Kreativität freien Lauf lassen. Aber auch hier muss auf einige Punkte geachtet werden.

Vor allem Kellerräume und der Dachboden sind oft ungenügend belüftbar und schlechter isoliert als die Wohnräume, was zur Folge haben kann, dass sie im Winter zu kalt und im Sommer zu heiß (im Falle des Dachbodens) sind oder eine zu hohe Luftfeuchtigkeit haben. Der Raum, in dem eine Anlage aufgebaut ist, sollte etwa die Temperatur aufweisen, wie sie für bewohnte Zimmer üblich ist. Eine zu hohe Luftfeuchtigkeit kann dazu führen, dass Teile der Gleise und der Züge zu rosten anfangen. Die Holzkonstruktion kann sich verziehen oder Risse bekommen. Ein Luftfeuchtigkeitsmesser ist deshalb eine gute Anschaffung.

Zu den weiteren negativen Einflüssen gehört eine etwaige Schimmelbildung in feuchten und schlecht belüfteten Räumen, die nicht nur gesundheitsschädlich ist, sondern auch die Anlage befallen kann. Auch tierische Schädlinge, wie Mäuse, Ameisen und anderes Ungeziefer, können ein Problem darstellen. Sie können die Anlage beschädigen oder Verschmutzungen hinterlassen. Was die Anlage und deren Funktionsfähigkeit ebenfalls beeinträchtigen kann, ist die Staubbildung. Wenn sich eine Staubschicht niederlässt, ist dies nicht nur unschön, sondern kann auch den Stromfluss in den Gleisen behindern und sich in den Motoren ansammeln. Deshalb sollten Vorhänge, Teppiche und andere staubfangende Gegenstände aus dem Raum entfernt werden. Falls die Sonne zu einer bestimmten Tageszeit direkt auf die Anlage scheint, sollte auch dies vermieden werden. Denn die Sonnenstrahlen können Farben verblassen lassen oder Teile der Anlage aufwärmen, vor allem, wenn das Dachfenster wie ein Brennglas wirkt. Abhilfe bieten für diesen Fall Jalousien, Rollos oder Folien, die am Fenster angebracht werden.

Eine weitere Vorsichtsmaßnahme, die diesmal aber nicht auf natürliche Ursachen abzielt, ist die Diebstahlsicherung. Sollte die Anlage im eigenen Haus oder der eigenen Wohnung aufgebaut sein, ist dies nicht so brisant, da man die eigenen Räumlichkeiten ohnehin gegen Einbruch sichert. Anders sieht es jedoch aus, wenn man für sein Hobby einen Raum in einem Gebäude angemietet hat, in dem sich nicht ständig Personen befinden. Eine Anlage stellt, wenn sie eine bestimmte Größe erreicht hat, einen enormen Wert dar. Der Einbruch kann dadurch für Diebe zu einem rentablen Wagnis werden. Um eine unangenehme Überraschung zu vermeiden, sollte man deshalb nicht an Sicherheitsvorkehrungen, wie Schlössern und unter Umständen einer Alarmanlage, sparen.

Wer in den eigenen Räumlichkeiten keinen Platz für die Modelleisenbahn findet und sich auch keinen angemieteten Raum leisten kann, muss trotzdem nicht auf sein gewünschtes Hobby verzichten. Es gibt zahlreiche Vereine von Modellbahnfreunden, die gemeinsam eine Anlage in einem gemieteten Raum betreiben. Ein Engagement beim Aufbau, Umbau und bei der Erweiterung der Anlage ist meist sehr gewünscht. Durch die Kooperation der Modellbahnfreunde ist es möglich, Anlagen zu konstruieren, die man allein nie errichten könnte. Zudem nutzen die Mitglieder die Treffen, um Freundschaften unter Gleichgesinnten zu schließen, Erfahrungen auszutauschen und voneinander zu lernen. Manche Vereine besitzen eine eigene Bibliothek, die dazu dienen kann, das Fachwissen zu vertiefen. Für die Mitgliedschaft in einem Verein sind zwar auch Beiträge fällig, aber letztendlich ist sie doch eine finanziell günstige Alternative zur privaten Modellbahn.

Auf Veranstaltungen kann man sich mit Gleichgesinnten treffen. Viele Modellbahnclubs bieten Tage der offenen Tür

Mit einem Fertiggelände, wie diesem von NOCH, lässt sich schnell eine kleine Anlage erstellen

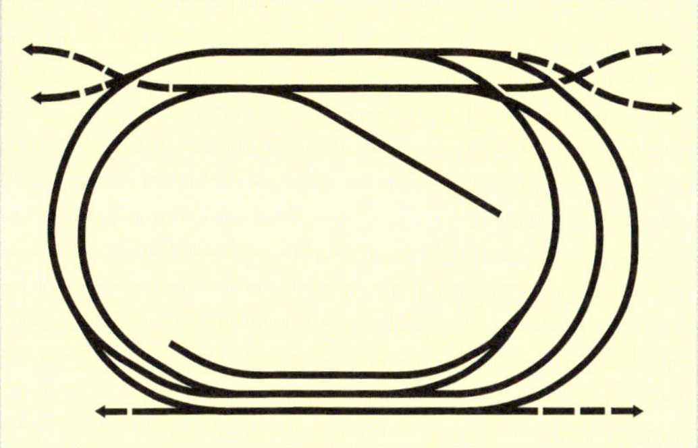

Der Plan zeigt den Aufbau der Gleise

Die Häuser können aufgeklebt werden

Das Gelände und die Tunnels sind schon fertig

Dann wird die Anlage mit Bäumen begrünt

Als Nächstes werden die Gleise verlegt

Nun kann der Zug fahren

Der richtige Maßstab

Eine der wichtigsten Entscheidungen, die es bei der Planung einer Anlage zu treffen gibt, ist die Wahl des richtigen Maßstabs. Ein späterer Entschluss, doch eine andere Größe für seine Bahn, die Gebäude, die Figuren und alles andere, was dazu gehört, zu wählen, ist nur mit einem großen Aufwand und hohen Kosten umzusetzen.
Unter Modellbahnern werden die Begriffe „Nenngröße", „Regelgröße" oder „Spur" verwendet. Die verschiedenen Maßstäbe werden mit Zahlen und Buchstaben benannt. Die Nenngröße Z besitzt einen Maßstab von 1:220. Dies bedeutet, dass die Normalspur – das heißt, der Abstand zwischen den Innenseiten der Gleisstränge, der bei 1.435 Millimetern liegt (Normalspur) – in der Miniaturform 6,5 Millimeter beträgt. Die Nenngröße I hat dagegen eine Spurweite von 45 Milllimetern und ist damit 32-mal kleiner als das Original.
Neben der Normalspur gibt es noch andere Größen, zum Beispiel die sogenannte „Meterspur" (vor allem bei Straßenbahnen), die eine Breite von einem Meter hat, und die Schmalspur mit einem Abstand der Gleisstränge von meist 750 Millimetern. Dies sollte man berücksichtigen, wenn man Originalbahnen nachbauen möchte.

Die Wahrung der maßstabgetreuen Proportionen ist für jeden Modellbahner eine Herausforderung

Maßstäbe und Spurweiten der gebräuchlichsten Nenngrößen

Nenngröße	Maßstab	Weite Normalspur	Weite Meterspur	Weite Schmalspur	
Z	1:220	6,5 mm	4,5 mm	–	☐
N	1:160	9 mm	6,5 mm	4,5 mm	☐
TT	1:120	12 mm	9 mm	6,5 mm	☐
Ho	1:87	16,5 mm	12 mm	9 mm	☐
0	1:45 oder 1:43,5	32 mm	22,5 mm	16 mm	☐
I oder 1	1:32	45 mm	32 mm	22,5 mm	☐
II oder 2 oder G	1:22,5	64 mm	45 mm	32 mm	☐

Bei Spielbahnen für Kinder sind große Spuren geeignet

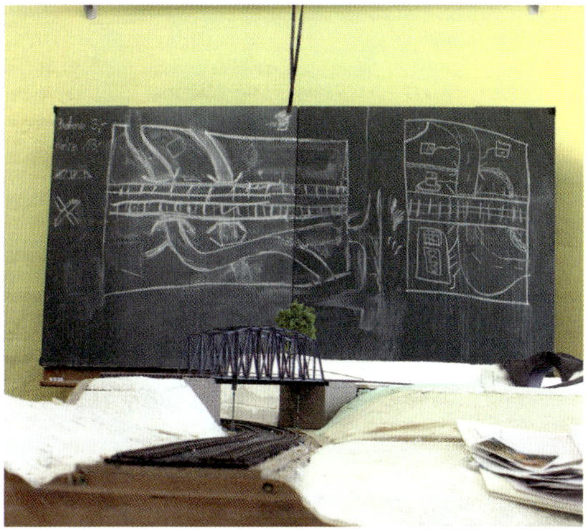

Die Nenngröße muss schon vor dem Bau festgelegt werden

Viele machen den Fehler, als Grundstock ihrer Anlage alte, vielleicht vom Vater übernommene Teile oder solche, die man günstig bekommt, unreflektiert zu verwenden. Das kann später teuer werden. Deshalb gilt: Nenngröße, Qualität des Schienen- und Lokmaterials und Steuerungsart müssen den eigenen Bedürfnissen möglichst nahe kommen.

Alle Nenngrößen haben ihre Besonderheiten sowie ihre Vor- und Nachteile. Wem wenig Platz zur Verfügung steht, sollte sich für eine kleine Spurweite entscheiden. Falls die Bahn im Garten aufgebaut werden soll oder Kinder damit spielen, ist meist eine der oberen Größen geeignet. Echte Gartenbahnen wie die des Herstellers LGB sind speziell für den Einsatz im Freien konzipiert. Eine „normale" Modellbahn jedoch ist nicht gegen Witterungseinflüsse geschützt. Kleine Nenngrößen helfen zwar Platz zu sparen, sie sind jedoch in der Regel nicht billiger als beispielsweise Ho.

Nenngröße Z

Bei der Spur Z handelt es sich um den kleinsten Maßstab. Neben der Platzeinsparung hat diese Nenngröße den Vorteil, dass sich weitläufige Vorbilder leichter nachbauen lassen; das bedeutet, dass an einem Bahnsteig beispielsweise auch längere Züge halten können – so wie im Original – da ein realistischer Nachbau nicht unbedingt den Platz sprengt. Die Detailgenauigkeit beim rollenden Material ist dank der modernen Herstellungsmethoden trotz der geringen Größe sehr hoch, auch wenn sie nicht das gleiche Maß wie bei den größeren Spuren erreicht. Die Störanfälligkeit bei diesen kleinen Modellen ist im Vergleich zu den größeren Loks und Wagen allerdings wesentlich höher, weshalb ein sehr vorsichtiger Umgang damit selbstverständlich sein muss. Für Reparaturen bei Spur-Z-Modellen braucht man die Filigrantechnik eines Uhrmachers. Zudem ist das Angebot an Zubehör wie Häusern oder Bäumen natürlich recht eingeschränkt. Es gibt mit Märklin nur einen einzigen Anbieter von Rollmaterial.

Die Detailgenauigkeit ist für manche ein wichtiger Gesichtspunkt

Für manche Nenngrößen gibt es weniger Zubehör als für andere, besonders bei größeren Spuren

Nenngröße N

Die Nenngröße N ist noch klein genug, um im Schrank, auf einem Tisch oder einer Vitrine Platz zu finden. Das Angebot von Seiten der Hersteller ist bedeutend größer als im Fall der Z-Spur. Auch die Laufeigenschaft der Fahrzeuge ist durch die größere Masse besser als beim kleineren Maßstab. Der Vorteil liegt auch bei dieser Nenngröße darin, dass sich weitläufige Vorbilder leichter nachbauen lassen als bei größeren Maßstäben. Der Nachteil liegt vor allem in der höheren Anfälligkeit. Positiv ist, dass der Handel ein reichhaltiges Angebot an Zubehör vorrätig hat. Ein Nachteil ist aber, dass die Loks immer noch zu leicht sind und es deshalb zu Kontaktproblemen kommen kann. Die Motoren haben aus Platzgründen nicht die Qualität der größeren Spuren.

Nenngröße TT

Die Abkürzung TT steht für „Table Train". Wie der Name vermuten lässt, wurde dieser Maßstab im englischsprachigen Raum entwickelt. In Europa hatte er neben Großbritannien auch in der ehemaligen DDR eine weite Verbreitung gefunden. Nach dem Mauerfall und der Wiedervereinigung fanden in den alten Bundesländern manche Modelleisenbahnfreunde Gefallen an der Spurweite. Dem Trend schlossen sich immer mehr Hersteller an, so dass das Angebot in diesem Bereich mittlerweile zufriedenstellend ist. Was den Platzbedarf und die Detailgenauigkeit betrifft, stellt TT einen guten Kompromiss zwischen den kleineren Nenngrößen und H0 dar. Das Rollmaterial hat seinen Fokus inzwischen nicht nur auf DDR-Modelle gerichtet, sondern kann auch bei DRG und DB punkten.

Nenngröße H0

H0 ist die Nenngröße mit der absolut weitesten Verbreitung, nicht nur in Europa, sondern auch in Nordamerika. Dies wirkt sich natürlich auch auf die Anzahl der Hersteller aus, die für diesen Maßstab rollendes Material und Zubehör anbieten. Preislich hat H0 ebenfalls seine Vorteile, da durch die weite Verbreitung eine Großserien-Produktion möglich ist. Die Modelle sind groß genug, um eine hohe Detailgenauigkeit zu erreichen. Verglichen mit den kleineren Maßstäben sind die Ho-Modelle stabiler und weniger störanfällig.

Nenngröße 0

Die Nenngröße 0 gibt es im Maßstab 1:45 und 1:43,5. Die Größe ermöglicht schon eine ausgeprägte Detailgenauigkeit beim rollenden Material. Es sind vor allem die Züge, die bei 0-Anlagen im Mittelpunkt stehen. Der größte Nachteil liegt im hohen Platzbedarf, weswegen es vor allem Vereine sind, die sich für diese Nenngröße interessieren.

Nenngröße I (oder 1)

Bei einem Maßstab von 1:32 erreichen die Eisenbahnen der Spur I schon beachtliche Maße, weswegen manchmal auch von der „Königsspur" gesprochen wird. Die private Wohnung reicht für den Aufbau einer solchen Anlage nicht mehr aus. Preislich liegen die Loks, wenn sie eine hohe Detailgenauigkeit aufweisen, ebenfalls im oberen Segment.

Nenngröße II (oder 2)

Die Nenngröße II wurde 1968 von der Firma LGB eingeführt. Sie wird oft als G (für Garten- oder

Rechtzeitig den richtigen Zug finden, ist auch bei der Wahl der Nenngrößen wichtig

Großbahn) bezeichnet. Wegen ihrer Größe muss sie in Hallen oder im Freien aufgebaut werden. Verwendung findet sie vor allem bei sogenannten Gartenbahnen. Die Modelle sind deswegen in der Regel wetterfest.

Der Platzbedarf ist bei den Nenngrößen sehr unterschiedlich. Flughäfen kann man zuhause höchstens in der Spur N gestalten

Checkliste Nenngrößen: Vor- und Nachteile

Nenngröße	Vorteil	Nachteil	Standort	Erledigt
Z	Wenig Platz nötig, gut für weitläufige Anlagen	Eingeschränkte Auswahl an Fahrzeugen. Hohe Anfälligkeit durch Staub und andere Einflüsse	Koffer, Schrank, Tisch, Platte, Vitrine	☐
N	Große Auswahl an Material, kein so großer Platzbedarf	Hohe Anfälligkeit durch Staub und andere Einflüsse	Schrank, Tisch, Platte	☐
TT	Zufriedenstellende Auswahl an Material, für Freunde der DDR-Reichsbahn ideal	Nischendasein in den westlichen Bundesländern	Schrank, Tisch, Platte, Wohnraum, Hobbyraum	☐
Ho (Hoe = Schmalspur, Hom = Meterspur)	Größte Verbreitung, breites Angebot von Seiten der Hersteller, auch für Kinder geeignet	Relativ großer Platzbedarf	Wohnraum, Hobbyraum, Kellerraum, Dachboden, Halle	☐
0	Hohe Detailgenauigkeit bei Loks und Wagen	Großer Platzbedarf, Auswahl an Zubehör relativ schmal	Hobbyraum, Kellerraum, Dachboden, Halle	☐
I oder 1	Hohe Detailgenauigkeit möglich, sehr gute Laufeigenschaft	Sehr großer Platzbedarf, Auswahl an Zubehör relativ schmal	Kellerraum, Dachboden, Halle, Anlage im Freien	☐
II oder 2 oder G	Hohe Detailgenauigkeit, sehr gute Laufeigenschaft	Sehr großer Platzbedarf, Auswahl an Zubehör relativ schmal	Halle, Anlage im Freien, Gartenanlage	☐

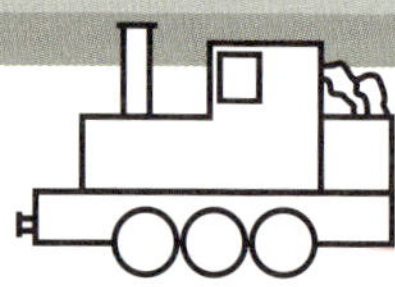

Das Anlagenmotiv

Zu der Grobplanung einer Anlage gehört auch die Überlegung, welches Motiv man umsetzen möchte. Gewöhnlich will der Modellbahner zwar seine Kreativität frei entfalten, aber das Ergebnis sollte so realistisch wie möglich sein. Kaum jemand findet an einer Anlage Gefallen, in der sich unterschiedliche Regionen, Perioden und Themen auf engstem Raum vermischen.
Wen man sich entschieden hat, welche Anlagengröße umgesetzt werden soll, wird die Wahl des Motivs oft schon in bestimmte Bahnen gelenkt. Mehrere grundsätzliche Fragen können für die Motivwahl gestellt werden:

Welche Landschaft möchte ich darstellen?

Gemeint ist damit die landschaftliche Grundstruktur. Handelt es sich um eine Gebirgslandschaft, um eine Ebene, eine Küste, ein städtisches oder ländliches Gebiet? Gewöhnlich sind gebirgige Landschaften beliebter, da sie spektakulärer wirken. Sie bieten zum Beispiel die Möglichkeit, die Bahnen in Tunnels verschwinden zu lassen. Berge sind in der Realität jedoch massiver, als man sie in einer Anlage darstellen kann. Um sie trotzdem realistisch wirken zu lassen, ist es wichtig, das richtige Fingerspitzengefühl dafür zu entwickeln. Wer die Perspektive weitläufiger machen will, kann im Hintergrund der Anlage oder auf einem Berg Häuschen im kleineren Maßstab aufstellen. Der unbefangene Betrachter hat dann den Eindruck, dass die Entfernung größer ist.

An welchem Ort spielt sich die Handlung ab?

Den Mittelpunkt einer Anlage bildet meist ein bestimmter Ort. Bei Großanlagen können es auch mehrere sein. Der Ort sollte in die Landschaft passen. Es kann sich um eine Stadt, ein Dorf, einen Hafen, einen Steinbruch, eine Fabrik und so weiter handeln. Oft werden fiktive Orte gebaut. Wichtig sind hier die Detailtreue und die realistische Wirkung. In Kapitel 8 findet der Leser dazu ein paar Anregungen. Ein Pendelverkehr zwischen zwei Orten ist eine interessante Möglichkeit, in kleinem Umfang einen realistischen Bahnbetrieb zu ermöglichen.

Ein belebter Hauptbahnhof braucht sehr viel Platz

Welches Thema wähle ich für die Bahn?

Das Thema betrifft die Bahn selbst. Es sollte zum Ort passen. Handelt es sich um eine Hauptbahn, eine Nebenbahn oder eine Kombination? Das Thema kann beispielsweise eine zweigleisige Hauptstrecke mit einem Durchgangsbahnhof oder eine

Eine Gebirgslandschaft mit vielen Brücken begeistert jeden Modellbahner

Gemütliches Pfeifchen in freier Natur

Hauptbahn mit einer abzweigenden Nebenbahn sein. Wer weniger das landschaftliche Erlebnis sucht, sondern den Bahnbetrieb hautnah erleben möchte und dabei nicht besonders viel Platz zur Verfügung hat, der sollte sich überlegen, ein Bahnbetriebswerk oder einen Rangierbahnhof zu gestalten. Hier gibt es auf engem Raum viele Spielsituationen und man hat gleichzeitig einen Raum, wo die Loks vorbildgerecht abgestellt werden können. Eine besonders reizvolle Aufgabe ist es, eine Bahnstrecke aus dem Vorbild nachzubauen. Beispiele dazu findet man in Kapitel 9.

Welche Zeit möchte ich darstellen?

Nicht nur die Züge, auch die Landschaft und die Gebäude haben sich im Laufe der Zeit geändert. Verschiedene Epochen durcheinander zu würfeln, erzeugt kein realistisches Bild. Wichtige Hinweise dazu finden Sie in Kapitel 5.

Welches Land?

In der Regel suchen sich die Modellbahner ein Anlagenthema aus ihrem Heimatland. Es ist aber durchaus auch reizvoll, sich mit anderen Bahnbetrieben zu befassen. Am häufigsten zieht es die Deutschen in die Alpen zu österreichischen oder schweizerischen Motiven. Das ist nicht nur wegen der vielfältigen Landschaft mit Bergen, Tunnels, Steigungen, Viadukten und Brücken besonders attraktiv, sondern – vor allem in der Schweiz – mit attraktivem Lokmaterial, das man hier fahren lassen kann. Auch die USA – das hat nicht zuletzt das Miniatur Wunderland in Hamburg bewiesen – haben mit ihren mächtigen Dampf- und Dieselloks vor prächtiger Kulisse viele Möglichkeiten. Allerdings: hier braucht man Platz. Viele Anbieter haben auch französische, englische oder Lokomotiven aus den Benelux-Staaten im Programm, die sich in Westdeutschland auch zur Umsetzung des grenzüberschreitenden Verkehrs eignen. Wer sich für eine Anlage entscheidet, die in einem anderen Land spielt, sollte sich vorher unbedingt informieren, ob die gewünschte Vielfalt an Lokmaterial erhältlich ist und wie es mit den benötigten Häusern und Figuren aussieht.

Eisenbahn in Koffergröße – Spur Z macht's möglich

Bleibt nach der Arbeit noch Zeit für die Modellbahn?

Soll man sich vom Weihnachtsmann die Modellbahn bringen lassen?

Zeit und Geld

Zu den Überlegungen, die man vor dem Einstieg in das Hobby Modelleisenbahn anstellen sollte, gehört die Frage, wie viel Zeit und Geld man dafür aufbringen kann. Über die Preise für das Rollmaterial und das Zubehör lässt sich ein Überblick schnell durch das Studieren der Herstellerkataloge gewinnen. Sehr oft gibt es Sonderangebote, auf die man aber warten können muss. Startpakete sind meist besonders billig, doch sollte man sich vorher genau anschauen, ob das, was drin ist, auch das ist, was man will und braucht. Manchmal sind die Loks nicht so gut detailliert oder haben einen schlechteren Motor.

Aber zu den Anschaffungskosten gesellen sich noch die Unterhaltskosten. Dazu gehören die Heizkosten, der Stromverbrauch, etwaige Reparaturkosten, Werkzeug und anderes Material, das der Instandhaltung der Anlage dient.

Schließlich gilt es noch die Frage zu beantworten, wann man die nötige Zeit für das Hobby aufbringen kann. Wer abends von der Arbeit spät nach Hause kommt und nur am Wochenende wenige Stunden Zeit hat, wird bald erkennen, dass sich der Aufbau einer Anlage über Jahre hinziehen kann. Der angehende Modellbahner sollte sich deshalb im Klaren sein, wie viele Stunden er wirklich über einen größeren Zeitraum aufbringen kann. Falls die Zeit, die einem zur Verfügung steht, knapp bemessen ist, sollte man sich anfangs lieber auf ein Hauptmotiv beschränken und es nach und nach ausbauen. Möglicherweise ist es auch besser, sich eine von vielen Fertiganlagen zu kaufen, die es zum Beispiel bei NOCH gibt.

Unterbau

Bevor man mit dem Bau der Gleise und der Gestaltung der Landschaft anfangen kann, muss man erst den nötigen Unterbau der Anlage errichten. Am einfachsten wäre es, einfach eine Platte auf ein Gestell zu legen, um darauf seine Eisenbahn fahren zu lassen. Man kann sich zu diesem Zweck vom Schreiner eine sogenannte Tischlerplatte besorgen. Bei Span- und Sperrholzplatten scheiden sich die Meinungen der Experten. Die meisten raten ab. Von verschiedenen Herstellern werden auch fertige Anlagentische angeboten, beispielsweise bei Modellbau Menninghaus. Für die möglichst rationale Nutzung des knappen Raums sind manche dieser Tische mit Schubladen ausgestattet, um das fahrende Material darin zu verstauen. Manche Anlagentische besitzen auch bereits einen eingebauten Schattenbahnhof.

Vor allem wenn es um größere Anlagen geht, ist von einer Plattenkonstruktion aber aus verschiedenen Gründen abzuraten, wie weiter unten noch dargestellt werden soll. Am beliebtesten ist unter den Modellbahnern eine Rahmenkonstruktion aus Holz. Dabei bildet ein mit Quer- und Längsrippen versteifter Rahmen das tragende Element.

Der Rahmenbau ist mit Quer- und Längsrippen versteift

Sehr wichtig:

Bitte denken Sie bei der Konzeption Ihrer Anlage immer daran, dass Sie mit Einstiegen und Ähnlichem auf jeden Bereich der Anlage zugreifen können. Das ist nicht nur für die Reinigung wichtig, sondern auch, wenn einmal ein Zug entgleist oder es ein Problem mit der Verkabelung gibt. Da auch Sie nicht mit den Jahren jünger werden, sollten diese Einstiege so konzipiert sein, dass Sie auch als Senior noch die kritischen Stellen erreichen.

Den Unterbau selbst anzufertigen, ist nicht jedermanns Sache, da ein gewisses handwerkliches Geschick nötig ist. Wer hier ohne Fachkenntnisse an die Sache rangeht, sollte sich vorher darüber im Klaren sein, dass ein zu schwacher oder fehlerhafter Unterbau im schlimmsten Fall unter der mit Mühe erstellten Anlage zusammenbricht. Man kann ihn sich aber von einem Fachmann, zum Beispiel einem Schreiner, machen lassen. Es gibt auch Anbieter, die sich auf den Bau solcher Rahmenkonstruktionen spezialisiert haben, wie etwa Moba-Unterbau, auch NOCH bietet ein Unterbau-System an. Auch die Mitarbeiter von Schauanlagen können den einen oder anderen Tipp geben, vielleicht geben sie sogar Kurse.
Wer den Unterbau für seine Anlage eigenhändig erstellen möchte, sollte mit den nötigen Werkzeugen ausgestattet sein. Ein Teil dieser Werkzeuge ist in einem Haushalt normalerweise ohnehin vorhanden, so dass die zusätzlichen Kosten nicht so hoch sind. Der Rest kann in Baumärkten besorgt werden.

Checkliste Werkzeugbedarf für den Anlagenunterbau

Schraubenzieher verschiedener Größen	☐
Hammer	☐
Meterstab	☐
Wasserwaage	☐
Schreinerwinkel	☐
Stichsäge	☐
elektrische Bohrmaschine	☐
Satz Holzspiralbohrer von 1 bis 10 mm	☐
elektrische Handkreissäge	☐
Stecheisen	☐
Akkuschrauber	☐
Schwing- oder Bandschleifer (zum Schleifen der sichtbaren Teile)	☐
Schleifpapier	☐
Holzraspel oder Holzfeile (zum Nachbearbeiten)	☐
Schraub- oder Klemmzwinge	☐
Heißklebepistole	☐

Gleissysteme

Wer daran denkt, neu in das Modellbahnhobby einzusteigen, der sollte sich zuerst darüber im Klaren sein, für welches der angebotenen Gleissysteme er sich entscheiden wird. Es gab bis 2004 drei verschiedene. Das Dreischienen-Dreileiter-System von Trix Express gibt es nur noch gebraucht zu kaufen. Es hatte die beiden vorbildhaften Schienen und dazu noch ein Mittelgleis, auf dem ein Pol lag, der andere auf einer Außenschiene, so dass jede der beiden für eine Lokomotive genutzt werden konnte. Zwei Loks konnten also verschieden schnell auf demselben Gleis fahren.

Heute gibt es nur noch zwei Formen. Die vom Marktführer Märklin bei seiner Spur H0 hergestellte ist ein Dreischienen-Zweileiter-System mit Wechselstrom, bei dem die Punktkontakte in der Mitte der Schiene einen Pol bilden, die Schienen den anderen. Durch die Höhe der Spannung (im Analogbetrieb) wird die Fahrgeschwindigkeit gesteuert.

Es gibt von Märklin verschiedene Gleissorten: Die Firma hat das lange Jahre dominierende M-Gleis (M = Metall) nicht mehr auf dem Markt, sondern es durch das C-Gleis (C = Compound; Verbundwerkstoff) ersetzt. Bei beiden stört viele Modellbahner die Bettung, auf der die Gleise werkseitig ruhen. Deshalb gibt es für Profis das K-Gleis (= Kunststoff), das nur Schwellen und Schienen hat. Dieses bietet auch bessere Gleisradien an. Zwar kann man mit einem Punktkontaktband Zweileiter-Schienen anderer Anbieter für den Betrieb mit Mittelleiter-Loks umbauen, doch dieser Aufwand lohnt sich nur für erfahrene Modellbahner mit speziellen Ansprüchen und ist nichts für Einsteiger.

Die zweite Variante ist das Zweischienen-Zweileiter-System, bei dem jedes der beiden Gleise einen Pol bildet und mit Gleichstrom versorgt wird. Bis auf Märklin bei H0 verwenden es alle Anbieter. Problematisch ist, dass bei Kehrschleifen oder Gleisdreiecken eine zusätzliche Schaltung nötig ist, die dazu dient, einen sonst unvermeidlichen Kurzschluss zu vermeiden. Auch die Räder einer Achse müssen deshalb voneinander isoliert sein. Vorteil dieses Systems ist vor allem das sehr viel realistischere Schienenmaterial, denn ein wie auch immer gearteter Mittelleiter ist nicht nötig. Wer außerdem noch auf Digitalbetrieb ein- oder umsteigt, braucht sich um komplizierte Kehrschleifen nicht mehr zu kümmern.

Auch hier gibt es Gleise mit Bettung, doch sollte sich die nur kaufen, wem eine einfache Spielbahn reicht. Das Gleisbett kann man (siehe Kapitel 5) selbst recht einfach und sehr realistisch herstellen.

Gleissysteme von Roco sind sehr beliebt

Wer vorher überlegt, bekommt seine Traumanlage

Tipp: Bei Ihrer Entscheidung sollten diese Punkte mit einfließen:

- Ist das System in den kommenden Jahren voraussichtlich noch auf dem Markt?
- Welche Kosten kommen auf mich zu?
- Kann ich mit einem Kompromiss Geld sparen?
- Welche Radien bietet das System meiner Wahl?
- Sind die Weichen betriebssicher?

Früher war die Profilhöhe, also die Höhe der Schienen, nicht wichtig. Das hat sich geändert, denn der vorbildnahe Modellbahner will eine möglichst maßstäbliche Höhe haben. Besonders für ältere Epochen sind niedrigere Profile realistischer. Die Profile werden mit der Bezeichnung Code xy versehen, wobei xy für die Höhe des Schienenprofils in tausendstel Zoll steht.

Beispiele für Ho:	
Code 100	2,5 mm
Code 80	2,1 mm
Code 75	1,9 mm

Da es hier um Bruchteile von Millimetern geht, sollte man sich genau überlegen, welches Profil man nimmt. Der Trend geht sicher zu den niedrigeren. Allerdings: Ältere Loks haben sehr hohe Spurkränze. So kann es passieren, dass die Radreifen nicht auf der Schienenoberkante aufliegen, sondern über die Schwellen rattern. Ein Austausch der Spurkränze wäre nötig, und das kann wieder teuer kommen. Am besten probiert man seine Loks auf dem neuen Gleis aus, bevor man zugreift. Peco bietet Gleise mit Code 75 an, bei denen dank der Gleisgeometrie auch ältere Loks fahren können.

Die wichtigsten Standard-Gleissysteme für Gleichstrom stammen von Roco, Fleischmann, Piko und Tillig. Wer variabler bauen will, sollte ein System wählen, das auch Flexgleise anbietet, die nicht starr sind, sondern gebogen werden können, um Anpassungen an die Landschaft darzustellen. Roco hat mit dem Roco-Line-Gleis einen verbreiteten Typ (Code 80), verkauft aber auch ein System mit 2,5 mm Profilhöhe und bietet jetzt mit dem geoLINE-Gleissystem eines mit Bettung an. Fleischmann kommt mit dem Profi-Gleis (Code 100) und einer 2,7 mm hohen Variante namens Modell-Gleis.

Letztlich kann man sich nur nach seinen Vorlieben und den finanziell machbaren Spielräumen für ein System entscheiden. Wichtiger ist jedoch immer, ob die Loks, die man haben möchte, darauf fahren können.

Vielfalt der Lokomotiven

Bei den Lokomotiven gilt es vor allem drei Dinge zu berücksichtigen. Sie werden für das Wechselstrom- oder das Gleichstromsystem gebaut. Wechselstrom-Modelle sind etwas teurer und die Anzahl der Hersteller ist geringer. Gleissysteme bietet lediglich Märklin in Ho an. Viele Hersteller verkaufen inzwischen ein Lokmodell in zwei Ausführungen: AC (= Wechselstrom) und DC (= Gleichstrom). Es ist auch möglich, die Loks für das andere Stromsystem umzubauen. Wer sich das nicht zutraut, hat bei Modellbahnclubs oder Fachgeschäften eine hilfreiche Anlaufstelle. Zu den Unterschieden von Gleich- und Wechselstromsystem informiert das Kapitel 7.

Die Hersteller verwenden verschiedene Materialien für ihr Rollmaterial: die einen Metall, andere aber Kunststoff oder eine Mischung aus beidem. Letztlich ist das für den Fahrbetrieb ohne Belang, lediglich das haptische Gefühl ist bei der teureren Metall-Lok vielleicht wertiger. Jeder muss hier selbst entscheiden, was ihm wichtig ist. Unterschiede gibt es auch bei der Umsetzung ins Modell, besonders auffällig etwa bei den Personenwagen in Ho, die oft kürzer sind, als es der Maßstab vorschreiben würde. Dies geschieht im Hinblick auf eine einfachere Kurvenfahrt. Es ist also sinnvoll, sich die Wagen einer Garnitur vom gleichen Hersteller zu beschaffen.

Die Preisspanne zwischen hervorragend detaillierten, in Handarbeit hergestellten Loks und billigen Schnäppchen ist sehr groß. Man sollte aufpassen, dass man sich nicht von der eigenen Vorliebe dazu verführen lässt, über seine Verhältnisse einzukaufen. Die wichtigste Frage beim Lokkauf muss sein: Will ich das, kann ich mir das leisten, gibt es Alternativen?

Wichtig ist beim Kauf, dass man die richtige Steuerung wählt (in Kapitel 7 näher erläutert): analog oder digital.

Es gibt auch noch eine historische Hürde. Der vorbildgetreue Modellbahner sucht sich sein Lokmodell natürlich so aus, dass es in Ausstattung, Lackierung und Beschriftung in seine Epoche passt. Die Hersteller haben sich darauf eingestellt und verkaufen wie z. B. Fleischmann eine preußische Tenderlok T 16.1 nicht nur in der Bemalung der DRG, sondern auch als Modell in der Uniform der DDR-Reichsbahn oder im Dienstanzug der DB.

Ein wichtiger Punkt für die Zusammenstellung von Rollmaterial verschiedener Anbieter und aus unterschiedlichen Generationen ist die Kupplung. Hier gab und gibt es die verschiedensten Lösungen. Da der Austausch dieser Kupplungen nicht gerade einfach ist und besonders bei Modellen aus der Zeit vor Mitte der neunziger Jahre viele Probleme nach sich zieht, sollte man vorher genau überlegen, ob ein Schnäppchen sich lohnt. Idealerweise beschafft man nur Loks und Wagen, die mit Normschächten nach der NEM (Normen Europäischer Modellbahnen) und einer Kurzkupplungs-Kinematik (KKK) ausgestattet sind. Dieses System macht den Einsatz praktisch mit Material aller Anbieter möglich, außerdem sieht es besser aus, weil die Wagen näher aneinander fahren und man keinen vorbildswidrigen Abstand hat, den die älteren Generationen leider in Kauf nehmen mussten.

Die preußische Tenderlok T 16[1] in drei Betriebszuständen: DRG, DR und DB

Auch Großanlagen bestehen aus einzelnen Modulen

NOCH bietet ein Fertigsystem an, das sehr leicht beliebig erweitert werden kann

Erweiterungsmöglichkeiten

Bei den meisten Modellbahnern bleibt die Anlage eine lebenslange Baustelle. Auch die größten Schauanlagen sind – wie es der Dichter James Joyce über seinen Roman formulierte – ein „Work in progress". Selbst bei den kleinsten Details kann man noch verbessern. Irgendwann wächst dann der Wunsch nach mehr Platz für die neuen Loks und Figuren. Wenn es im Raum möglich ist und man diesen Erweiterungswunsch vorher bedacht hat, dann ist es nicht allzu schwer, zwischen zwei Anlagenteilen oder am bisherigen Ende die Modellbahnlandschaft zu erweitern. Die neuen Gleise werden einfach zwischen die alten gelegt und die Schnittstellen nachgearbeitet. Bei größeren Anlagen sollten immer einzelne Platten, genannt Module, erstellt werden, die auf der Unterseite entweder verschraubt oder mit Kastenriegeln verbunden werden. Genaue Vorgaben dafür liefern die Normen Europäischer Modellbahnen (NEM).

Anbieter von Gleissystemen und Fertiganlagen

Lokomotiven und Gleise gibt es bei diesen Herstellern:

Bachmann (Liliput)	Ho, Hoe	Loks und Wagen, militärisches Rollmaterial und interessante österreichische Schmalspurmodelle
BEMO	Hom, Hoe, Ho, N	schweizerische und deutsche Lokmodelle, Gleissysteme
Brawa	Ho, N, TT, IIm	Modelle in Ho, TT, N und IIm. Seilbahnen
Fleischmann	Ho, N, oe	Modelle in Spur Ho, N und oe. Digitalsystem, Gleissysteme
Gützold	Ho, TT	Loks und Wagen, viel DR der DDR
Heljan	Ho, N, o, I	Rollmaterial international (dänischer Hersteller)
Heris	Ho	Modelle seltener Baureihen, vor allem Wagen
Hornby (Arnold, Lima, Rivarossi)	N (Arnold), Ho (Lima, Rivarossi)	Nach Märklin und vor Roco Nr. 2 in Europa, hat mit Arnold, Lima und Rivarossi bekannte Marken aufgekauft. Produktion in China, Rollmaterial, Gleissysteme.
Kato	Ho, N, TT	deutsche, amerikanische und japanische Lokmodelle, Gleissystem, Zubehör (im Vertrieb bei NOCH)
Klein Modellbahn	Ho	Lokomotiven und Personenwagen vor allem österreichischer Provenienz
L.S. Models	Ho	Modelle aus Frankreich und den Benelux-Staaten
Lenz	o	Loks, Wagen, Gleissystem, digitale Steuerung
Märklin (LGB)	Ho, Z, 1	Lokomotiven, Wagen, anderes Zubehör, verschiedene Gleissysteme, eigene Digital-Systeme
Mehano	Ho	moderne Loks, US-Modelle
Piko	Ho, G	Loks und Wagen, billigere Hobby-Linie, Digital-System in Kooperation mit Uhlenbrock, Gleissysteme, war der Standardanbieter in der DDR
Roco	Ho, N, Hoe	breites Angebot an internationalem Rollmaterial, auch Schmalspur und Feldbahn, Gleissysteme, fast alle Lokomotiven auch im Wechselstrom-System erhältlich, bei den Wagen tauscht der Fachhandel kostenlos die Radsätze für AC oder DC aus
Tillig	TT, Ho, Hoe	Größter Hersteller von Fahrzeugen in TT, Gleissysteme
Trix	Ho, N	Modelle in Spur Ho und N (Minitrix), früher Trix Express. Bei Ho Gleichstrom-Ableger von Märklin, eigenes Digital-System, Gleissystem
Weinert (Peco)	o, Ho, Hom, Hoe, TT, N, Z	Kleinserien-Modelle, Bausätze, Zubehör, Anbieter der Peco-Gleissysteme

Kleinserien bieten an (Auswahl):

Paul Petau Modellbau	Ho, o
Fulgurex	Ho, o, I, N
Haberl und Partner	Ho, N, Z
KH Modellbahnbau	N, TT, Ho
KS Modellbahn	Ho, om, oe
Lemaco	Ho, o, I, N
Micro Metakit	Ho
Naumann	Ho (Importe aus Osteuropa)
Schiffer Design	Ho, TT, N

Fertiganlagen bieten an:

NOCH	Ho, TT, N, Z
Vollmer	Ho, N, Z, G
Faller	Ho, N, G, TT, Z
Heljan	Ho, N
Kibri	Ho, TT, N, Z
Trix	Ho, N

Checkliste: Welche Modellbahn passt zu mir?

Wie viel Platz steht mir zur Verfügung?

eine Halle ☐ ein Zimmer ☐

ein Teil des Raumes ☐ eine Tischplatte ☐

Tipp: Je weniger Raum zur Verfügung steht, desto kleiner sollte die Nenngröße sein. Wer allerdings eine ausgeprägte Landschaft um seine Gleise herum haben will, kommt an H0 oder N fast nicht vorbei.

Habe ich Freunde/Bekannte/Verwandte, die schon eine bestimmte Spurgröße fahren?

ja ☐ nein ☐

Tipp: Kauft man sich das gleiche System, ist es möglich, gemeinsamen Spielbetrieb durchzuführen. Ist das nicht der Fall, sucht man natürlich das System, das den eigenen Anforderungen am besten entspricht.

Meine handwerklichen Fähigkeiten sind...

dank zweier linker Hände nicht vorhanden ☐

nicht gerade berühmt ☐

ich komme schon zurecht ☐

da gibt es keine Probleme ☐

Tipp: Wer sich nichts zutraut, wird mit einer Fertiganlage bestens bedient sein, kleinere Anlagen bekommt man mit einiger Übung gut hin, für größere Anlagen sollte man aber auf jeden Fall die nötigen Fähigkeiten mitbringen.

Rat: Im Modellbahnclub die Grundlagen erlernen oder mit einer kleinen Anlage beginnen und sich stufenweise steigern.

Ich suche...

irgendwelche Loks, Hauptsache es bewegt sich was ☐

einige möglichst auch ältere Modelle, die Nostalgie verbreiten ☐

topaktuelle Fahrzeuge, die auch auf meinem Heimatbahnhof zu sehen sind ☐

eine Vielzahl bekannter und exotischer Modelle ☐

Tipp: Wer keine Ansprüche an bestimmte Fahrzeugtypen stellt, kann sich praktisch jede Spurweite jedes Herstellers kaufen; wer auch aktuelle Modelle sucht, wird oft genug nur bei Kleinserienherstellern fündig, die meist für H0 liefern. Wer eine möglichst breite Auswahl sucht, wird ein Gleichstromsystem in H0 am passendsten finden.

Wie soll die Anlage aussehen?

besonders detailgetreu, mit einer großen Auswahl an Häuschen, Figuren und Zubehör ☐

das Drumherum ist mir nicht so wichtig, ich will tolle, detaillierte Lokmodelle ☐

es sollte nett ausschauen, wenn es ein bestimmtes Haus nicht gibt, ist das nicht so schlimm ☐

Tipp: Die vielfältigsten Möglichkeiten bieten dank der großen Zahl von Anbietern die H0-Systeme, dann folgt N. Wer mehr Wert auf die Lokmodelle legt und Platz hat, findet vielleicht an der Nenngröße 0 mehr gefallen. Wenn die Gestaltung kein entscheidender Punkt ist, sollte die Platzfrage an erster Stelle stehen.

5. Bauanleitungen für Standard-Anlagen

5. Bauanleitungen für Standard-Anlagen

Grundaufbau der Anlage

Die Beschäftigung mit Modelleisenbahnen ist ein Hobby, das neben anderen Ressourcen vor allem Platz erfordert. Die Frage, wo man seine Modellbahnanlage aufbaut, gehört deshalb zu den ersten Vorüberlegungen. Wie viel Platz hat man zur Verfügung? Wird sich die Platzsituation in absehbarer Zukunft ändern? Soll die Anlage im Laufe der Zeit wachsen? Soll sie transportierbar oder stationär sein? Die Beantwortung dieser Fragen wird darüber Aufschluss geben, welche Anlagenform für die persönliche Situation die passendste ist.

Eine Anlage kann viel Platz beanspruchen

Die Plattenanlage

Die einfachste und wohl verbreitetste Anlagenform ist die Plattenanlage. Dabei handelt es sich meist um eine Holzplatte, die auf Gestellen, wie Zimmererböcken, gelagert ist. Am geeignetsten sind Tischlerplatten. Sperrholz- und Spanholzplatten werden von den Experten unterschiedlich beurteilt. Aber alle sind sich einig, dass sich Tischlerplatten bei Luftfeuchtigkeit nicht so leicht verziehen und den Vorteil haben, verwindungssteif zu sein. Die Dicke der Platte sollte mindestens einen Zentimeter, am besten aber mehr betragen, da sich die Platte bei zunehmendem Gewicht der aufgebauten Anlage biegen kann. Ein großer Vorteil der Plattenanlage ist die Mobilität, da sie relativ leicht an einen anderen Ort transportiert oder bei Platzbedarf an der Wand hochgestellt werden kann.

Eine besonders raumsparende Art der Lagerung der Plattenanlage ist das Aufhängen an der Zimmerdecke. Dabei ist die Platte an den vier Ecken mit Seilen befestigt. An der Decke befinden sich

Bei dieser Anlage in Rahmenbauweise sind bereits die Gleistrassen verlegt

vier fest verankerte Rollen, über die man die Platte bei Bedarf hochziehen kann. Allerdings muss das Hochziehen gleichmäßig erfolgen, um Schwingungen der Platte zu vermeiden. Außerdem muss sichergestellt sein, dass die Rollen und die Seile das Gewicht der Anlage aushalten können.

Die Wandanlage

Wer keinen Platz für eine große Platte hat oder sie wegen der beengten Verhältnisse nicht verstauen möchte, kann die Anlage entlang der Wand aufbauen. Die kleinen Platten, die an der Wand befestigt werden, sollten mindestens so breit sein, dass eine zweigleisige Strecke aufgebaut werden kann. Meist reichen ungefähr 20 Zentimeter. An den Enden der Strecken können Schleifen eingebaut werden, um ein Wenden der Züge zu ermöglichen. Wer eine um das ganze Zimmer herum führende Anlage bauen möchte, kann an den Türen und anderen Öffnungen hochklappbare oder herausnehmbare Teile verwenden.
Die Anlage sollte in einer Höhe von etwas über einem Meter angebracht sein, so dass man die Züge im Sitzen betrachten kann. Die Wand selbst kann für das Anbringen eines Horizonts oder Hintergrunds genutzt werden. Ein offensichtlicher Vorteil der Wandanlage ist die lange Strecke, die sich darauf bauen lässt. Der Nachteil liegt in der geringen Tiefe, der nur eine beschränkte Realisierung gewünschter Motive zulässt.

Die Zungen- oder Alphabetanlage

Eine besondere Form der Wandanlage ist die Zungen- oder Alphabetanlage. Diese Bezeichnung stammt von der Form, die entstehen kann, wenn man an der Wandanlage Teile, die hervorstehen, anbaut. Dadurch bekommt man die Form einer Zunge, eines Buchstabens oder, wenn mehrere Teile angebaut wurden, eines Kammes. Zu den häufigsten Formen zählt das L, das entsteht, wenn an einem Ende ein Teil aus einer längeren Anlage hervorsteht. Die O-Form ist eine kreisförmige Anlage, bei der die Mitte frei ist. Ein besonderer Vorteil dieser Anlagenform liegt darin, dass sie beliebig erweitert werden kann, falls genügend Platz vorhanden ist. Der Strecke können beispielsweise auf den angebauten Teilen ein Bahnhof, ein Hafen, eine Stadt, Berg oder Ähnliches hinzugefügt werden.

Breite Anlagen bieten einen größeren Spielraum bei der Landschaftsgestaltung

Durch den Hintergrund kann die Illusion von Räumlichkeit erzeugt werden

Die Modulanlage

Eine Modulanlage setzt sich aus mehreren kleinen Einheiten zusammen. Der Vorteil ist, dass die einzelnen Module leicht transportiert werden können und dass die Anlage beliebig erweiterbar ist. Die Modulanlage ist vor allem bei Vereinsmitgliedern beliebt, da durch das Zusammensetzen der Mitglieder-Module eine große Anlage entstehen kann.

Auch auf engstem Raum lässt sich viel unterkriegen

Damit die einzelnen Einheiten auch zusammenpassen, wurden mehrere Normen aufgestellt. Die bekannteste ist diejenige des FREMO e. V. (Freundeskreis Europäischer Modellbahner). Geregelt werden in den Normen beispielsweise die Höhe eines Moduls, wo sich die Löcher für die Kabelverbindungen befinden und an welcher Stelle die Gleise an den Stirnseiten verlaufen müssen, um miteinander verbunden werden zu können.

Die Fertiganlage

Die einfachste Art für den Einstieg in den Anlagenbau ist sicherlich die Fertiganlage. Dabei handelt es sich meistens um Anlagen, die bereits bis zu einem gewissen Maß ausgebaut sind. Sie können beispielsweise mit Schienen, zusätzlich mit einem Landschaftsunterbau oder einschließlich der Elektrik bezogen werden. Die Größe reicht von kleinen Anlagen, die in einen Koffer passen, bis zu erweiterbaren Großanlagen.

Der Vorteil der Fertiganlagen liegt zum einen in der Zeitersparnis, zum anderen darin, dass sie auch als Geschenk dienen kann. Zu den Nachteilen zählt neben den Kosten auch, dass für viele Modellbahner der Reiz, der im eigenhändigen Bau der Anlage liegt, bei ihnen natürlich weitgehend fehlt.

Die Zimmeranlage

Letztendlich ist der Platz für eine Modellbahnanlage immer zu gering. Der Idealzustand wäre ein ganzer Raum, den man der Modellbahn widmen könnte. Dies ist der Traum jedes Eisenbahners. Die Bahn kann in der Mitte des Zimmers stehen und von allen vier Seiten erreichbar sein, oder sich an den Wänden befinden. Bei der Zimmeranlage kann die ganze Fläche für die Landschaftsgestaltung genutzt werden. Oft dient der Dachboden für den Aufbau der Anlage. In diesem Fall lässt sich der Platz unter der Dachschräge für einen Schattenbahnhof nutzen.

Checkliste Anlagenformen

Anlagenform	Vorteil	Nachteil	Erledigt
Plattenanlage	Einfacher Aufbau	Eingeschränkte Gestaltungsmöglichkeiten	☐
Wandanlage	Lange Streckenführung möglich	Beschränkung der Motive durch geringe Breite	☐
Zungen- oder Alphabetanlage	Lange Streckenführung möglich, flexibel erweiterbar	Hervorstehende Teile	☐
Modulanlage	Lange Streckenführung möglich, flexibel erweiterbar	Die Module müssen zueinander passen	☐
Fertiganlage	Zeitersparnis, fachmännischer Aufbau, zum Teil erweiterbar	Kosten, eingeschränkte individuelle Gestaltung	☐
Zimmeranlage	Große Gestaltungsmöglichkeit	Kosten	☐

Checkliste Raumbedarf

Plattenanlage	Die Anlage ist mobil, kann bei Bedarf hochgestellt werden	☐
Wandanlage	Geringer Platzbedarf, nicht mobil	☐
Zungen- oder Alphabetanlage	Hervorstehende Teile können bei der anderweitigen Nutzung des Raums hinderlich sein, nicht mobil	☐
Modulanlage	Die Anlage ist mobil, flexibler Platzbedarf	☐
Fertiganlage	Der Raumbedarf kann sehr unterschiedlich sein, mobil	☐
Zimmeranlage	Großer Raumbedarf, nicht mobil	☐

Auf einer gut gemachten Anlage hat alles seine Ordnung

Der Anlagenunterbau

Platten- und Rahmenkonstruktion

Hat man sich erst einmal für eine Anlagenform entschieden, geht es an die Erstellung des Unterbaus. Darunter wird der Teil einer Anlage verstanden, der die tragende Grundlage für die Aufbauten, wie den Bahndamm, die Gebäude, das Gelände und so weiter darstellt. Der einfachste Unterbau einer Anlage ist eine Platte, die, wie oben schon beschrieben, einfach auf Zimmererböcke gelegt wird. Natürlich kann man die Platten auch auf andere Beine stellen. Aufgrund ihrer Einfachheit gehörte die Platte früher zu den beliebtesten Unterbauten.

Die Platte eignet sich vor allem für kleine Anlagen. Bei größeren Anlagen sollte der Unterbau aus mehreren Segmenten bestehen, die im Falle eines Umzugs transportiert werden können.

Die weiteste Verbreitung, vor allem bei größeren Anlagen, hat die offene Rahmenkonstruktion. Dabei wird ein stabiler Holzrahmen erstellt, der innen mit Längs- und Querrippen versteift ist. Der Rahmen besteht aus Kantholz, das eine Stärke von mindestens 40 mal 50 Millimetern, am besten aber mehr haben sollte. Für die Verstrebungen können Dachlatten oder auch Sperrholzscheiben verwendet werden. Der Rahmen steht auf Stüt-

Einen tragenden Unterbau erfordert auch der Bahnsteig

Die Plattenbauweise eignet sich vorwiegend für kleinere Anlagen

zen und bildet das tragende Element. Neben dem geringeren Gewicht hat diese Art von Unterbau gegenüber der Plattenbauweise den Vorteil, dass mehrere Ebenen und landschaftliche Unebenheiten, wie Gebirge, leichter erstellt werden können. Mittels sogenannter Spanten können bei der Rahmenbauweise bereits die Grundzüge der Landschaft mitgestaltet werden. Ebenso lassen sich auf den Spanten die Trassenbretter, die zur Aufnahme der Gleise dienen, anbringen. Allerdings muss man sich dabei bereits im Klaren sein, wie die fertige Landschaft in Bezug auf die Höhenunterschiede ausschauen soll.

Eine Anlage in Rahmenbauweise mit Querverstrebungen.
Auf der unteren Ebene befindet sich ein Schattenbahnhof

Plattenarten: Was sind die Unterschiede?

- Die **Tischlerplatte** besteht aus einer großen Zahl von Holzstäben, die miteinander verklebt sind. Sie sind mit einer dünnen Schicht Holz überzogen. Tischlerplatten werden auch für Regale und Möbel verwendet. Sie haben vor allem den Vorteil, dass sie sich selbst bei hoher Luftfeuchtigkeit nicht verziehen.

- **Spanplatten** bestehen aus feinen Holzspänen und Bindemitteln. Sie wurden unter hohem Druck zu Platten gepresst. Sie sind zwar verwindungssteif, sind aber unelastisch und besitzen ein hohes Gewicht. Abhängig von den verwendeten Bindemitteln können sie zum Aufquellen neigen. Außerdem können die Plattenkanten abbröckeln, wenn an ihnen gearbeitet wird.

- **Sperrholzplatten** setzen sich aus miteinander verleimten Holzlagen zusammen. Sie sind elastisch und relativ widerstandsfähig gegen Witterungseinflüsse. Werden sie für eine Modellbahnanlage benutzt, sollten sie mittels Quer- und Längsrippen versteift werden.

- **Multiplexplatten** gehören eigentlich auch zu den Sperrholzplatten. Sie bestehen aus mehreren miteinander verleimten Furnierlagen und besitzen eine hohe Festigkeit, weswegen sie auch für Konstruktionen mit einer hohen Belastung eingesetzt werden, wie beispielsweise Werkbänke und Regale.

Der Schattenbahnhof mit der Gleisharfe dient zum Parken der Züge

Im Untergrund fahren die Züge außerhalb des Blickfelds

Ebenen und Schattenbahnhöfe

Eine besondere Einrichtung vieler Modellbahnanlagen sind Schattenbahnhöfe. Wie der Name schon andeutet, liegt diese Art von „Bahnhof" im Schatten oder im Dunkeln, nämlich außerhalb der Sicht des Anlagenbetrachters. Durch die Errichtung einer solchen Gruppe von Abstellgleisen soll die Möglichkeit geboten werden, Züge aus dem Blickfeld entschwinden zu lassen und dadurch die Illusion von Räumlichkeit zu erzeugen. Außerdem bietet das Parken von Zuggarnituren im nicht sichtbaren Bereich die Möglichkeit für Abwechslung, da dadurch verschiedene Züge zum Einsatz kommen können.

Ein Schattenbahnhof kann sich an unterschiedlichen Stellen einer Anlage befinden. Die einfachste Lösung ist es, ihn hinter einer Kulisse aus Gebäuden oder landschaftlichen Elementen zu positionieren. Der Zug entschwindet bei der Fahrt in einen Tunnel aus der Sicht des Betrachters und wird dann auf die Abstellgleise geleitet. Eine andere Möglichkeit besteht darin, den Schattenbahnhof in einer anderen Anlagenebene einzurichten. Es ist zwar möglich, eine Ebene oberhalb der sichtbaren Ebene zu erstellen und sie durch Blenden oder einen Horizont zu verbergen, meist befindet sich ein Schattenbahnhof aber in einem tiefer gelegenen Bereich. Der Zug gelangt, nachdem er den sichtbaren Bereich verlassen hat, über eine

Über ein Gleiswendel fahren Züge auf die untere Ebene

Rampe oder ein Gleiswendel ein oder zwei Ebenen tiefer. Bei den Gleiswendeln handelt es sich um Konstruktionen, auf der Gleise kreisförmig in eine andere Höhe geleitet werden. Diese Wendel mit eigenen Mitteln zu bauen, würde die Möglichkeiten der meisten Modellbahner überschreiten.

Stattdessen gibt es mehrere Hersteller, die solche Konstruktionen für unterschiedliche Radien und Nenngrößen anbieten. Bei der Auswahl der Gleiswendel sollte darauf geachtet werden, dass der Radius groß genug ist, um ein Entgleisen von Zügen zu vermeiden. Dass die Steigung nicht zu groß sein sollte, gilt auch für den Einsatz von Rampen.

Das Abstellen der Züge im Schattenbahnhof geschieht oft über eine Gleisharfe, bei der vom Stammgleis mehrere parallel laufende Nebengleise abzweigen. Eine Gleisharfe nimmt jedoch relativ viel Platz ein und ist wegen der vielen benötigten Weichen nicht billig. Eine Alternative dazu hat die englische Bezeichnung Fiddle-Yard erhalten. Dabei handelt es sich um eine Vorrichtung, die ein einfaches Zusammenstellen oder Parken von Zügen ermöglicht. Ein Fiddle-Yard besitzt meist mehrere Gleise, wobei das gewünschte Gleis von Hand mit dem Stammgleis verbunden wird.

Ein Fiddle-Yard kann verschiedene Formen haben. Welche Form die geeignetste ist, hängt von den jeweiligen Bedingungen der Anlage ab.

Formen von Fiddle-Yards

Schiebebühne oder Traverser	Eine meist auf Kugeln gelagerte Schiebebühne mit mehreren Gleisen. Die Schiebebühne kann so verschoben werden, dass ein Gleis mit dem Stammgleis abschließt, während auf den anderen Gleisen Züge parken.
Schwenkscheibe	Die mehrgleisige Bühne kann um einen Drehpunkt auf einer Seite so geschwenkt werden, dass das gewünschte Gleis mit dem Stammgleis verbunden ist.
Drehscheibe	Die kreisförmige Bühne kann um 180 Grad gedreht werden, so dass ein Wenden des Zugs möglich ist, sie benötigt aber viel Platz.
Aufzug	Die Zuggarnituren werden vertikal abgestellt.
Kassette	Die Zuggarnitur kann auf eine entnehmbare Kassette gefahren und an einem anderen Ort gelagert werden.

Gleispläne

Nach der Konstruktion des Unterbaus und des Schattenbahnhofs geht es darum, sich Gedanken über den Verlauf der Gleise zu machen. Die einfachste Strecke wäre ein Kreis oder ein Oval, bei dem ein Zug ständig in einer Richtung um die Anlage fährt. Ein solcher Gleisaufbau ist vor allem bei sehr kleinen und einfachen Anlagen zu finden, ist aber auf die Dauer langweilig und für ambitioniertere Modellbahner, die etwas Realistisches aufbauen wollen, ungeeignet.
Allerdings sollte man die Anlage auch nicht überfrachten. Jedes Gleis sollte eine spezifische Funktion haben. Auch bei großen Heimanlagen wird empfohlen, nicht mehr als drei Eisenbahnstationen einzubauen. Kompromisse zwischen einem möglichst detailgetreuen Nachbau und den räumlichen Möglichkeiten müssen vor allem bei den Gleisbögen getroffen werden, denn die großen Radien, wie sie beim Vorbild üblich sind, können auf der Anlage nicht im Maßstab der betreffenden Nenngröße nachgebaut werden. Allerdings geben die Modellbahnhersteller oft Mindestradien an, die wiederum für die meisten Strecken zu eng sind. Für eine realistische Darstellung empfiehlt es sich, lieber bei der Anzahl der Strecken zu sparen und dafür den Platz für möglichst große Radien zu nutzen. Große Radien wirken zumindest bei den Hauptstrecken authentischer als kleine. Auf Nebenstrecken, Industriegleisen, Straßenbahngleisen und so weiter kann es dagegen schon enger zugehen. Allerdings sollte man auch hier darauf achten, dass die Kurven nicht zu eng sind, um Entgleisungen zu vermeiden. Bei zweigleisigen Kurven ist es zudem erforderlich, den Abstand zwischen den Gleisen größer als auf geraden Strecken zu halten, da durch das Ausscheren einzelner Wagen die Gefahr einer Kollision zweier sich entgegenkommender Züge besteht.

Lange, gerade Gleise sind am einfachsten zu verlegen, hier wird zum Beispiel ein Bahnhof entstehen

Schablonen

Eine wesentliche Erleichterung bei der individuellen Planung von Gleisanlagen bringen die Gleisschablonen verschiedener Gleishersteller, wie Fleischmann, Märklin, Roco oder Trix. Auf den Schablonen sind die wichtigsten Gleise, Weichen und Kreuzungen des jeweiligen Gleissystems eingesägt. Mit einem spitzen Bleistift können die Elemente von der Schablone auf Papier übertragen und aneinandergesetzt werden. Dieses Hilfsmittel trägt auf jeden Fall dazu bei, ein schnelles und bei sorgfältiger Arbeit gutes Ergebnis zu erzielen.

Gleisarten

Hauptgleis	Ein im regelmäßigen Betrieb befahrenes Gleis. Alle anderen Gleise gelten als Nebengleise.
Rangiergleis	Dient zur Zugbildung und -auflösung.
Abstellgleis	Dient zum Be- und Entladen von Wagen (Rampengleise, Ladestraßengleise, Schuppengleise usw.).
Anschlussgleis	Dieses Gleis schließt Industrie-, Gewerbebetriebe und private Bahnbetreiber an das Schienennetz der Bahn an. Bei der Modellbahn wird als Anschlussgleis auch das Gleisstück bezeichnet, das die elektrische Verbindung zum Trafo herstellt.

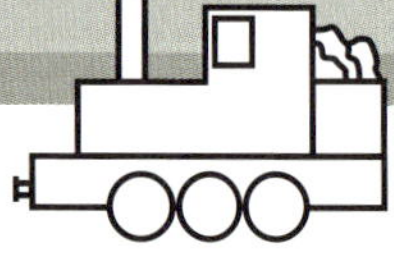

Software

Eines der hilfreichsten Instrumente beim Entwerfen von Gleisplänen stellt der Computer dar. Unter den Modellbahnbegeisterten dürfte es heute kaum mehr jemanden geben, der nicht damit umgehen kann. Software für die Anlagen- und Gleisplanung wird von mehreren Anbietern zu leicht erschwinglichen Preisen bereitgestellt.

Die neuen Programme sind zum größten Teil benutzerfreundlich und intuitiv zu bedienen. Auf

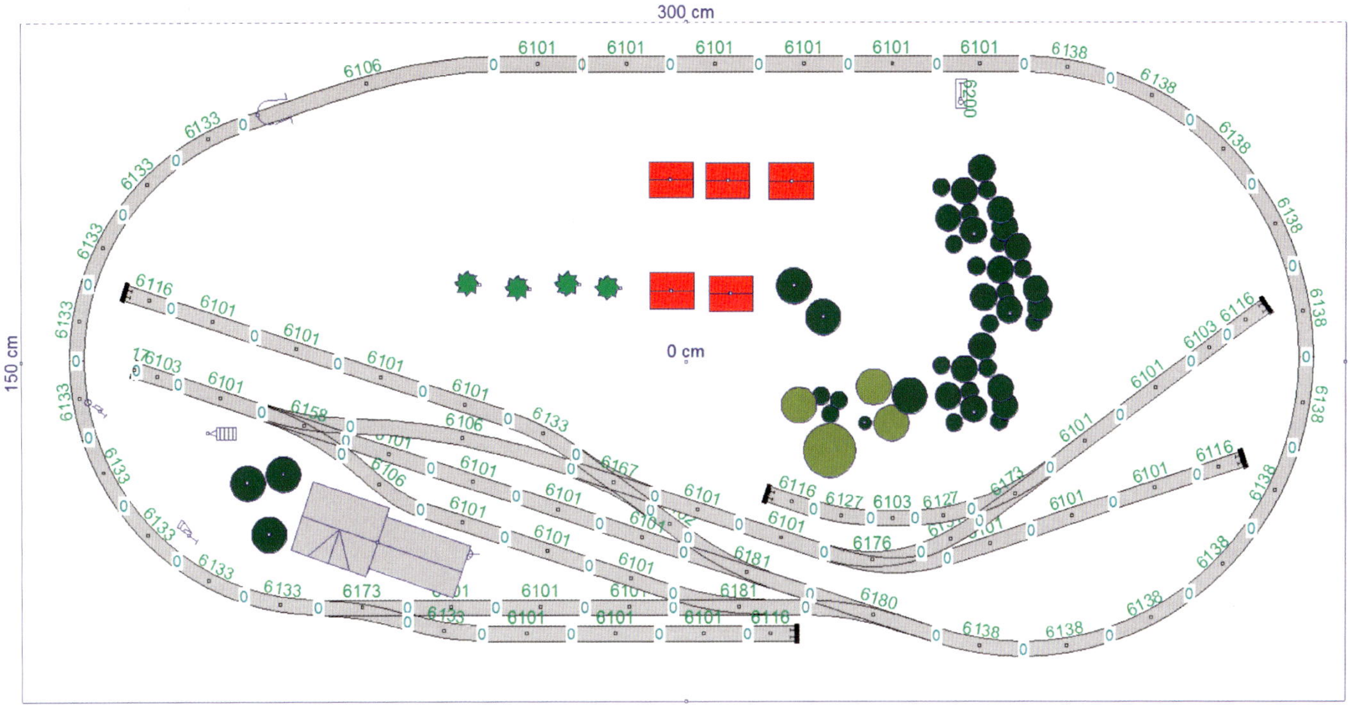

Gleisplanung mit der Computersoftware WinTrack

Anlagen- und Gleisplanungssoftware

Software	Hersteller
PC-Rail für Windows	Busch GmbH & Co. KG
3D-Eisenbahnplaner	Franzis Verlag
Modellbahn-Architekt 3D	SYBEX-Verlags- und Vertriebs-GmbH
Trackplanner	Georg Wächter
Railroad Professional	Rodrigo Supper
Raily für Windows	RAILY for Windows
WinRail	Gunnar Blumert – Softwareentwicklung
WinTrack	Ing.-Büro Schneider

Ein komplexes Geflecht aus Gleisen im Original

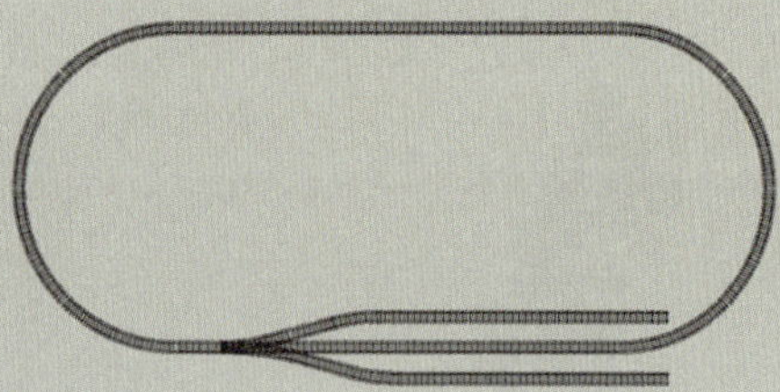

Dies ist ein einfacher Gleisplan für eine kleine Anlage

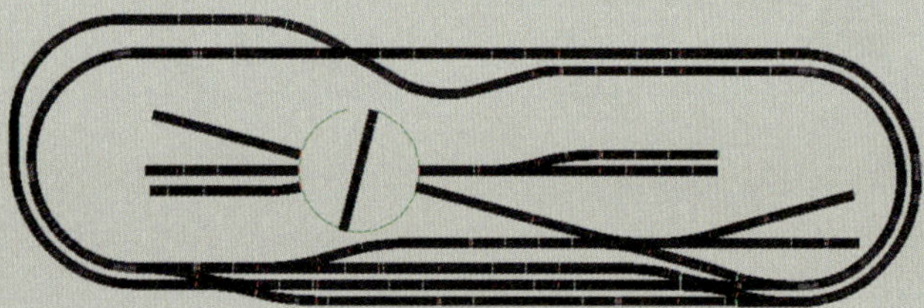

Dieser Plan bietet Haupt- und Nebenstrecken sowie Rangiermöglichkeiten in der Mitte

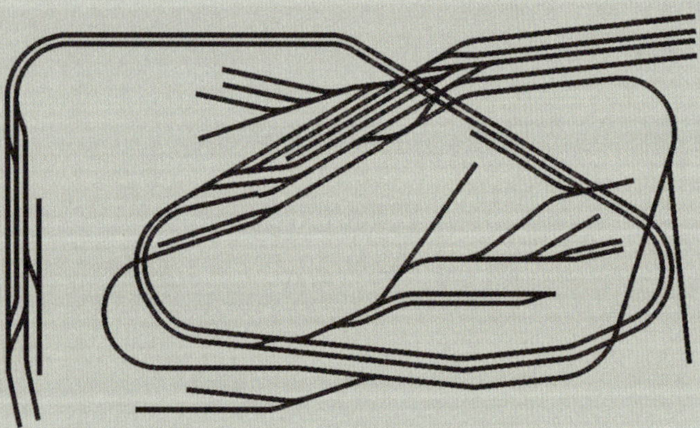

Ein komplexer Plan wie dieser lässt sich am einfachsten mit einem Computer-Programm erstellen

Die Gleistrassen können anhand des Gleisplans geschnitten werden

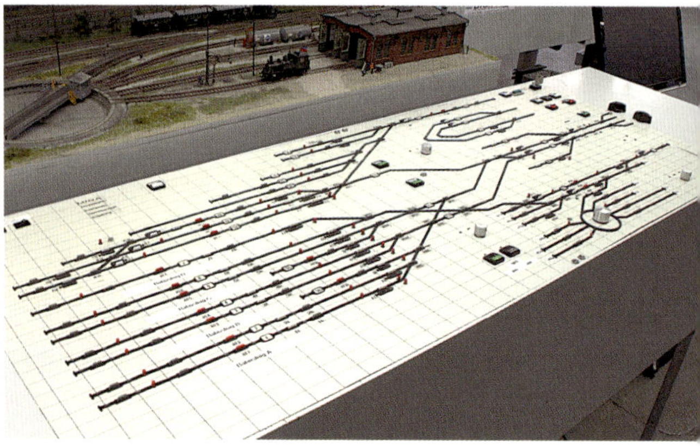

Die Steuerung einer großen Anlage ist eine komplexe Angelegenheit

dem Bildschirm lassen sich meist komplette Modellbahnanlagen, einschließlich des Unterbaus, der Gleise, Signale, Gebäude, Landschaften und anderem erstellen. Bei den Schienen werden die verschiedenen Nenngrößen und die unterschiedlichen Gleissysteme der Hersteller, wie Märklin, Fleischmann, Arnold, Bemo, Hübner, Peco, Pilz, Roco, Tillig, Trix, LGB und andere, berücksichtigt. Die Anlage selbst lässt sich in dreidimensionaler Ansicht in mehreren Ebenen planen und sogar aus mehreren Blickwinkeln betrachten. Die Möglichkeiten gehen aber noch über die reine Planung hinaus. Bei manchen Programmen lassen sich die zu verbauenden Elemente als Einkaufsliste ausdrucken. In einer 3-D-Ansicht kann man die Gleise abfahren. Wenn man mit der Planung fertig ist, kann das Ergebnis im Maßstab 1:1 ausgedruckt werden. Diese Ausdrucke sind dazu bestimmt, den Gleisplan auf die Anlagenoberfläche zu übertragen.
Bei der Planung sollte bereits an mögliche Erweiterungen gedacht werden, um später Kosten und Arbeit zu sparen.

Epochen

Eine wichtige Grundentscheidung zu Baubeginn einer Modellbahnanlage ist es, in welche Zeit man seine Eisenbahnwelt versetzen will. Manche interessieren sich mehr für alte Dampfloks, andere für moderne Bahnen. Aber beides zusammen ist wenig authentisch. In den sechziger Jahren hat zuerst eine Modellbahnzeitschrift mit der groben Unterteilung der europäischen Eisenbahngeschichte in Epochen begonnen. In den Normen Europäischer Modellbahnen (NEM) werden heute neben vielen anderen vereinheitlichenden Vorgaben auch die Abgrenzungen dieser Epochen vorgenommen. Allerdings verlief nicht in allen europäischen Staaten die Entwicklung gleich, so dass es von Land zu Land Unterschiede bei den Zeiträumen der jeweiligen Epochen gibt.

Auch außerhalb Europas wird die Eisenbahngeschichte in Epochen eingeteilt. Allerdings verlief beispielsweise in den USA oder in Japan die Entwicklung im Vergleich zu Europa sehr unterschiedlich, weswegen man das europäische System nicht auf die anderen Kontinente übertragen kann. Auch für spezielle Strecken in Europa, wie die Rhätische Bahn, werden abweichende Epocheneinteilungen vorgenommen.

Epoche I

In Deutschland beginnt das Eisenbahnzeitalter mit der ersten Fahrt des „Adlers“ zwischen Nürnberg und Fürth im Jahr 1835. In allen Ländern ist die Epoche I durch den Bau der ersten Eisenbahnen und die Entwicklung der Dampflokomotiven geprägt. Es waren vor allem private und territoriale Eisenbahnen, die dabei eine Pionierrolle spielten. In Deutschland entstanden in den verschiedenen deutschen Staaten eigenständige Eisenbahnbetriebe. Die Epoche wird deshalb auch als die „Länderbahn-Zeit“ bezeichnet.

Die Züge, die in einem Bahnhof zu sehen sind, sollten zur entsprechenden Epoche passen („Adler“ aus Epoche I)

Epoche II

Die zweite Epoche, die vom Beginn der zwanziger Jahre bis in die Wiederaufbaujahre nach dem Zweiten Weltkrieg reicht, ist von einer Vereinheitlichung der Betriebs- und Bauvorschriften geprägt. Dazu gehörten das RIV (Regolamento Internazionale Veicoli) von 1922, das Bestimmungen über

Die Einteilung der Epochen in einigen mitteleuropäischen Ländern

	Epoche I	Epoche II	Epoche III	Epoche IV	Epoche V	Epoche VI
Belgien	bis 1925	1925 – 1945	1945 – 1970	1970 – 1990	ab 1990	
Deutschland	bis 1920	1920 – 1945	1945 – 1968	1968 – 1990	1990 – 2006	ab 2007
Niederlande	bis 1925	1925 – 1947	1947 – 1968	1968 – 1989	ab 1989	
Österreich	bis 1920	1920 – 1945	1945 – 1970	1970 – 1990	1990 – 2005	ab 2005
Schweiz	bis 1920	1920 – 1945	1945 – 1970	1970 – 1990	ab 1990	

Hier passt alles zur Epoche III. Fahrzeuge, Gebäude, Personen und selbst der Kinderwagen passen in diese Zeit

international einsatzfähige Güterwagen enthält, und das im gleichen Jahr aufgestellte RIC (Regolamento Internazionale delle Carrozze), mit dem der Einsatz von Reisezugwagen im europäischen Raum geregelt wurde. Auch die teilweise Elektrifizierung des Eisenbahnnetzes und die Einführung der ersten Lichtsignale fallen in diesen Zeitraum.

Epoche III

Der Wiederaufbau nach dem Zweiten Weltkrieg und das folgende rasante Wirtschaftswachstum waren für ganz Europa eine prägende Zeit. Damit verbunden war für die Eisenbahnen eine Erneuerung und Modernisierung des Fahrzeugparks. Immer mehr Strecken wurden elektrifiziert, Dieselloks kamen zu-

Normen europäischer Eisenbahnepochen

NEM 800	Eisenbahnepochen in Europa
NEM 801 A	Eisenbahnepochen in Österreich
NEM 802 B	Eisenbahnepochen in Belgien
NEM 803 BG	Eisenbahnepochen in Bulgarien
NEM 804 CH	Eisenbahnepochen in der Schweiz
NEM 805 CZ	Eisenbahnepochen in der Tschechischen Republik
NEM 806 D	Eisenbahnepochen in Deutschland
NEM 808 DK	Eisenbahnepochen in Dänemark
NEM 809 E	Eisenbahnepochen in Spanien
NEM 810 F	Eisenbahnepochen in Frankreich
NEM 813 H	Eisenbahnepochen in Ungarn
NEM 814 I	Eisenbahnepochen in Italien
NEM 818 NL	Eisenbahnepochen in den Niederlanden
NEM 825 PL	Eisenbahnepochen in Polen

Moderne Geschäftshäuser wie diese findet man in Städten ab Epoche IV

nehmend zum Einsatz und verdrängten die Dampflokomotiven. Der TEE (Trans Europ Express) verband die Zentren des Kontinents mit bequemen Schnellzügen. Im Westen Deutschlands hieß die staatliche Eisenbahngesellschaft „Deutsche Bundesbahn", abgekürzt „DB", in der DDR wurde der Name „Deutsche Reichsbahn" (DR) weiterverwendet.

Epoche IV

In der vierten Epoche fanden eine weitere Modernisierung (die letzten Dampflokomotiven verschwanden) und die Einführung eines international gültigen Beschriftungsschemas für Güter- und Personenwagen sowie eines Kennzeichnungssystems für Triebfahrzeuge statt. Von der DB wurden die Inter-City-Züge mit zwei Wagenklassen eingeführt.

Epoche V

Die fünfte Epoche sah die Einführung der Schnellbahnzüge. In Deutschland fand außerdem die Vereinigung der DB und der DR zur Deutschen Bahn AG statt. In einigen Ländern begann die Liberalisierung des Schienennetzes. Staatsbahnen wurden in Aktiengesellschaften umgewandelt. Einige Strecken wurden für private Anbieter geöffnet.

Epoche VI

Die Epoche VI, bei der noch nicht für jedes Land feststeht, wann sie beginnt, steht für die jüngste Entwicklung im Eisenbahnbereich. Dazu gehören die Privatisierung und ein vermehrter Wettbewerb auf den Schienen.

Viele Modellbahner halten sich nicht ganz an die Einteilung der Epochen. Für sie ist es wichtiger, die Lok einzusetzen, die ihnen gefällt, denn die Freude an der Modellbahn sollte im Vordergrund stehen. Dagegen ist auch nichts einzuwenden.

Welche Epoche ist die richtige für mich?

Wie viel Platz habe ich zur Verfügung? Wer nicht viel Platz hat, sollte eine eher frühere Epoche wählen, denn die modernen Triebfahrzeuge im Schnellverkehr, wie der ICE, benötigen größere Kurvenradien.	☐
Ich will möglichst viele Züge gleichzeitig fahren lassen. Wer die Anlage mit möglichst viel Gleisen füllen will, sollte keinesfalls die Epoche I wählen, in der das Streckennetz noch nicht so dicht war.	☐
Wann kann ich mit einer schönen Dampflok fahren? Dampfloks werden ab Epoche IV nicht mehr im Planverkehr eingesetzt. Sie können lediglich vor Nostalgiezüge gespannt werden.	☐
Welche Lokomotiven und Wagen gibt es überhaupt für mein System? Nicht jeder Hersteller bietet ein breites Sortiment an. Es ist deshalb sehr sinnvoll, sich genau zu informieren, in welchen Epochen die Schwerpunkte des gewählten Anbieters liegen.	☐
Welche Häuser kann ich in der gewählten Zeit verwenden? Hier ist die jüngste Epoche natürlich im Vorteil, denn dort kann praktisch alles eingesetzt werden. Doch Vorsicht! Die Figuren sollten die Mode der gewählten Epoche tragen. Bei älteren Zeiten sollte man sich in Stilkundebüchern oder im Internet darüber informieren, welche Architektur damals gängig war und was es noch nicht gegeben hat. Nichts ist peinlicher als ein gut ausgebauter Flughafen, neben dem der „Adler" vorbeidampft.	☐

Jahreszeiten und Regionen

Bei der Gestaltung der Landschaft ist neben der Epoche darauf zu achten, welche Jahreszeit dargestellt wird. Abhängig davon finden in der Landwirtschaft verschiedene Arbeiten statt und die Natur zeigt ein unterschiedliches Aussehen.

Neben den Epochen und der Jahreszeit sollte auf regionale Besonderheiten der Landschaft geachtet werden, um eine Anlage authentisch wirken zu lassen.

Worauf muss ich bei der gewählten Jahreszeit achten?

Frühling	Pflanzen	Landwirtschaft	Freizeit
☐	Zum typischen Erscheinungsbild des Frühlings gehören die blühenden Bäume und die mit Blumen, vor allem Löwenzahn, übersäten Wiesen, gelbe Rapsfelder.	Aber auch auf den Feldern tut sich etwas. „Im Märzen der Bauer die Rösslein einspannt" hieß es früher schon. Im März ist das Wetter meist schon gut genug, dass mit den Feldarbeiten begonnen werden kann. Dazu gehört Pflügen, Eggen und Säen. Im April werden die Kartoffeln gelegt und die Rüben gepflanzt.	Spaziergänger, Ausreitende, Cabrios, Radfahrer 
Sommer	**Pflanzen**	**Landwirtschaft**	**Freizeit**
☐	Im Sommer sind die Wiesen grün, das Getreide steht noch oder wird gerade geerntet. 	Getreideernte und Heuernte erfolgen im Sommer. Vor der Mechanisierung der Landwirtschaft wurde das Heu noch mit Gabeln auf den Wagen geladen und dort von Hand angerichtet. Später benutzte man Ladewagen und Hochdruckpressen. Der Spätsommer zeichnet sich durch weitere Arbeiten aus. Ein zweiter Grasschnitt, das sogenannte „Grummet", findet von Ende August bis Mitte September statt. Auch die Kartoffel-, Rüben- und Silomaisernte kann etwa um diese Zeit beginnen. In manchen Regionen fängt man jetzt mit der Obsternte und Weinlese an.	Was für die Landwirte die arbeitsreichste Jahreszeit darstellt, wird von anderen mit Ferien und Urlaub in Verbindung gebracht. Am See tummeln sich badende Personen Aber die Urlaubsstimmung lässt sich auch durch herumlaufende Kinder oder mit Koffern vollbeladene Autos ausdrücken.

In den warmen Jahreszeiten spielt sich das Leben mehr im Freien ab

Wenn die Landschaft in winterliches Weiß gekleidet ist, halten sich Mensch und Tier seltener im Freien auf

Herbst	Pflanzen	Landwirtschaft	Freizeit
☐	Diese Jahreszeit ist von den Farben Gelb und Rot geprägt. Das Laub der Bäume verfärbt sich.	Die Äcker werden wieder gepflügt, oder sie sind noch von Getreide- oder Maisstoppeln oder vom Kartoffelkraut übersät.	Die Tage werden kälter und es halten sich weniger Menschen im Freien auf. Allerdings kann man die Landschaft trotzdem mit Leuten beleben, beispielsweise mit Wanderern, die mit fester Kleidung ausgerüstet sind, oder mit Kindern, die ihre Drachen steigen lassen.

Winter	Pflanzen	Landwirtschaft	Freizeit
☐	Der Winter gilt als die ruhigste Zeit im Jahreslauf. Eine schneebedeckte Landschaft ist zwar in der Realität keine Selbstverständlichkeit, ist aber ein beliebtes Motiv in der Landschaftsgestaltung. Die Laubbäume sind kahl und die Nadelbäume mit Schnee bedeckt.	Anstelle landwirtschaftlicher Fahrzeuge können Schneeräumfahrzeuge eingesetzt werden.	Im Freien können sich Leute mit warm wirkender Kleidung aufhalten. Skifahrer sind in den letzten Jahren zu einem beliebten Modellbahnmotiv geworden. Es gibt auch Bausätze von Weihnachtsmärkten zu kaufen.

Checkliste: Region und Anlage

Baustile	
Abhängig von der Region, die dargestellt wird, sollte darauf geachtet werden, welche Art von Gebäuden man in die Landschaft stellt. Holländische Windmühlen und Bauernhäuser der Alpenregion passen beispielsweise schlecht zusammen.	☐
Stadt und Dorf	
Eine städtische und eine dörfliche Umgebung unterscheiden sich nicht nur durch die Anzahl der Häuser, sondern auch durch die Art der Gebäude. Häuser in Stadtzentren haben in der Regel eine größere Anzahl von Stockwerken als Dorfhäuser. Ein Kino oder eine Polizeistation findet man auf dem Dorf eher selten.	☐
Industrie	
Die Darstellung von Industrie bei Modellbahnanlagen ist beliebt. Aber nicht jede Industrie passt in jede Region. Kohlebergwerke sind beispielsweise in der Alpenregion unbekannt.	☐
Regionale Vegetation	
Selbst in Mitteleuropa zeigt die Vegetation regionale Unterschiede. Dies trifft auch für die Nutzpflanzen zu. So wird Weinbau in Deutschland vor allem im Südwesten entlang des Rheins und seiner Nebenflüsse praktiziert. In Österreich stammt der Wein hauptsächlich aus östlichen Landesteilen. Hopfen wird in Deutschland vor allem in der Hallertau angebaut. In Österreich gibt es im Mühlviertel und in der südlichen Steiermark Hopfenanbaugebiete.	☐

Manche Industrieanlagen passen nur in die Stadt, andere haben auch auf dem Land ihren Platz

Der Traktor mit dem Schwader gehört in die ländliche Region

Die Fahrtrasse – technisch komplex

Oberleitungen

Freunde reiner Dampflokfahrten und Modellbahner, die sich eine dieselbetriebene Nebenbahn als Thema gewählt haben, können sich jetzt eine kurze Lesepause gönnen, denn nun geht es um den Fahrdraht für die E-Loks und elektrische Triebwagen. Wer eine vorbildgerechte Anlage haben möchte, kommt nicht drumherum, zumindest seine Hauptstrecke zu elektrifizieren.

Benötigtes Werkzeug/Material	
Bleistift	☐
Handbohrer	☐
Schraubenzieher	☐
Eventuell Ösenbiegezange	☐
Mastpositionslehre	☐
Fahrdrahtmontagelehre	☐

Nun gibt es zwei verschiedene Systeme, und zwar den Fahrdraht als funktionslose Verbesserung der Optik und mit Stromaufnahme der Loks über die Oberleitung. Dadurch kann man sich beim Märklin-System die Schleifer sparen. Allerdings muss der Kontakt des Stromabnehmers zur Oberleitung stets vorhanden sein.

Streckenmast der Bauart Re 160, wie er ab 1950 bei der DB Verwendung fand

Für die eigene Modellbahn sollte man zum Beispiel die Produkte von Viessmann, Vollmer oder Sommerfeldt in Betracht ziehen. Viessmann bietet auch eine reich bebilderte Mappe an, die die epochenmäßigen und technischen Voraussetzungen im Oberleitungsbau anschaulich macht. Denn: Jede Epoche hat ihre speziellen Bauformen. So werden bei den Neubaustrecken der Epoche V nur Betonmasten mit Aluminiumauslegern verwendet, in den siebziger Jahren wurden Rohrausleger eingeführt, Quertragwerke, mit deren Hilfe mehrere Gleise überspannt werden können, gibt es seit 1928. Sie sind vor allem im Bahnhofsvorfeld und natürlich auf mehrgleisigen Strecken zu finden.

Ein Quertragwerk wird aufgestellt, wenn mehrere Gleise elektrifiziert werden sollen

Fein detaillierte Radspannwerke sind für Modellbahnepochen seit 1950 ein belebendes Element am Streckenrand

Spannwerke haben neben der Aufgabe, den Fahrdraht zu halten, auch die Funktion, ihn trotz unterschiedlicher Witterungseinflüsse konstant zu halten und für den ständigen Kontakt von Strom und Stromabnehmer zu sorgen. Der Draht wird dabei mit Betongewichten, die von einem Bahnmast herunterbaumeln, straff gehalten. Je nach Epoche wird man ein Hebelspannwerk (Epoche II) oder ein moderneres Radspannwerk (ab Epoche III) verwenden.

Die Montage – etwa bei Viessmann – erfolgt ganz einfach. Eine mitgelieferte Lehre zeigt durch Einkerbungen den richtigen Abstand zum eigenen Gleis an. Sie wird so unter die Schienen gelegt, wie es die Markierung vorgibt, und dann auf die Platte geschraubt. Den Mast kann man dann unkompliziert auf die Führung an der Oberseite der Lehre schieben. Fertig. Wenn die Bahnmasten stehen, beginnt der eigentliche Kampf. Früher musste der Fahrdraht mühsam gebogen und verlötet werden. Bei neuen, vorgeformten Produkten ist es möglich, ihn einfach aufzuklipsen. Hilfsmittel wie eine Mastpositionslehre, die den Abstand der Maste entlang der Strecke ermitteln hilft, oder eine Fahrdrahtmontagelehre sorgen dafür, dass auch Ungeübte zu einer realistisch aussehenden Oberleitung kommen.

Fahrdrahtmontagelehre ...

... und Mastpositionslehre von Viessmann

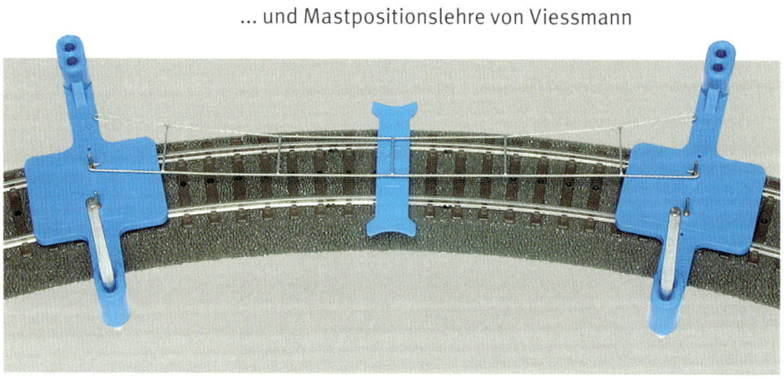

Gleisbettunterlagen

Die Fahrt von Zügen auf Schienen, die unmittelbar auf der Holzplatte ausgelegt sind, verursacht ein oft unangenehmes Fahrgeräusch. Aus diesem Grund haben verschiedene Hersteller von Modellbahnzubehör vorgeformte Gleisbetten aus Kork oder anderen Materialien im Programm, die sehr einfach verwendet werden können.

Benötigtes Werkzeug/Material	
Bleistift	☐
Lineal	☐
wasserlöslicher Kleber	☐
Holzleim	☐
Malerspachtel (nicht zu breit)	☐
eventuell Seitenschneider	☐

Vorgeformte Gleisbettung von Mössmer

Realistische Gleisbettgestaltung mit Grünbewuchs

Es gibt verschiedene Qualitäten bis hin zu fertig geschotterten Gleisbetten, die man nicht mehr optimieren muss. Wir verwenden herkömmliche flexible Kork-Doppelstreifen, die beliebig jeder Gleisform angepasst werden können. Bevor man den Unterbau auf der Platte fixieren kann, muss der Gleisplan ausgearbeitet sein. Dieser wird auf die Platte übertragen. Am einfachsten ist es, wenn man die Schienen auflegt und dann durch Markierungen mit einem Bleistift ihre Position auf der Platte markiert.

Jetzt nimmt man das Gleisbett, das in unserem Fall aus Doppelstreifen zu 500 Millimeter Länge besteht. Auch hier ist es am sichersten, wenn man das Material zunächst so auslegt, wie es später fixiert werden soll. Dann hat man auch gleich gut vor Augen, ob man mit der Länge richtig gerechnet hat oder ob noch etwas fehlt.

Jetzt nimmt man den Spachtel und bestreicht die Unterseite des Korkstücks gleichmäßig mit Holzleim. Dann dreht man es um und fixiert es entlang der vorgegebenen Position auf der Platte. Bei Holzleim kann in der Regel noch einige Zeit die Lage des Objekts korrigiert werden. Das ist vor allem wichtig, wenn es darum geht, den Gleisbogen im richtigen Radius aufzulegen. Die Ausführung des Korks als Doppelstreifen erlaubt auch die

Gleise, auf Korkbett verlegt

Umsetzung enger Gleisradien, wie sie etwa bei Gebirgsbahnen oder Werksbahnen nötig sind.
Die Form dieser Korkstücke ist sehr realistisch gehalten. Sie haben einen Böschungswinkel von 45 Grad, sind drei Millimeter hoch und auf der Oberseite 22 Millimeter, also je elf Millimeter breit. Diese Form ist der entscheidende Vorteil zu Korkplatten aus dem Baumarkt, denn das selbst auszuschneiden, ist sehr kompliziert.
Wenn das Gleisbett vollständig auf der Platte fixiert ist, können wir daran gehen, die Schienen daraufzulegen. Jetzt zeigt sich, ob man sauber gearbeitet hat oder ob man von übrig gebliebenen Korkstreifen mit dem Seitenschneider etwas abtrennen muss, um ein zusätzliches Stück Gleisbett anzubringen und so die Mittelposition der Schiene auszugleichen.

Realistisch geschotterte Hauptstrecke

Man kann nun die Gleise zusammen mit den Korkplatten auf die Platte nageln, es empfiehlt sich jedoch, sie mit einem wasserlöslichen Kleber fest auf die Unterlage zu drücken und dabei die Schienen möglichst gut zu beschweren, bis der Kleber getrocknet ist.
Wenn das geschehen ist, empfiehlt es sich, die Landschaft um die Schienen zu gestalten und erst dann die Beschotterung vorzunehmen. Wenn dann etwas Schotter auf die Grasfläche hinaus liegt, ist das realistisch. Hier sind dem Modellbahner bei der Fülle verschiedenster Schotterungen der Anbieter keine Grenzen gesetzt.

Hersteller	**Artikel-Nr.**
Busch	7501 (Kork-Gummi-Mischung)
Auhagen	41161
Heki	3185
Faller	180765
Als Alternative bietet NOCH ein fertig geschottertes Gleisbett in einer Rolle von 5 m Länge an:	
NOCH	99315
Ansonsten gibt es bei NOCH Gleisbettungen Merkur (Styroplast®) und Schaumstoffgleisbettungen von Mössmer	

Gleisbett mit Material von NOCH anfertigen

1

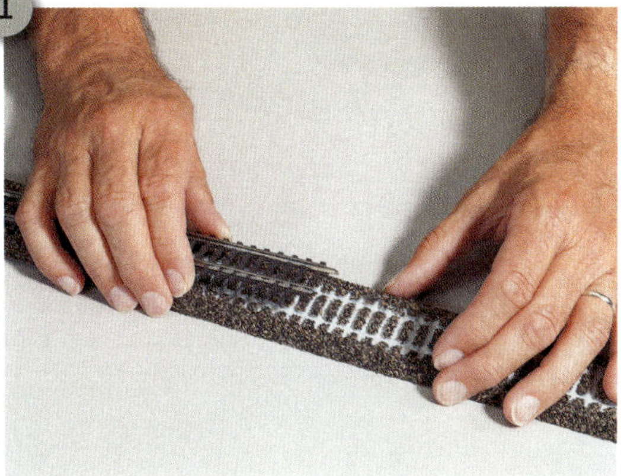

Gleis auf Aussparungen drücken

2

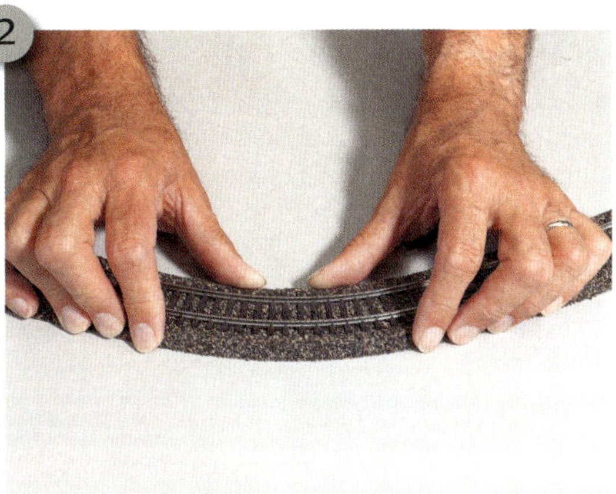

Flexgleise auflegen und mit der Bettung biegen

3

Überflüssige Reste bei Weichenbettung abschneiden

4

Auf die Schnittkanten wird ein vorhandenes Ende geklebt

Alternativ kann man sich Korkplatten aus dem Baumarkt kaufen, die man dann aber selbst zuschneiden muss. Diese sind vor allem im Bahnhofsbereich eine interessante Lösung, wo viele Gleise parallel verlaufen. Eine andere Möglichkeit, die etwas teurer ist, allerdings ein sehr schnelles Verbauen ermöglicht, sind fertig geschotterte Gleisbettungen, wie sie Mössmer und Merkur im Vertrieb durch NOCH anbieten.

Die Gleisverlegung erfolgt in der Regel vor dem Ausbau der Landschaft

Beschrankter Bahnübergang auf einer Nebenstrecke

Unbeschrankter Bahnübergang der Epoche III

Bahnübergänge

Wo Züge fahren, müssen sie auch Straßen kreuzen. Heute dienen Tunnels und Brücken dazu, den jeweiligen Verkehr ungehindert laufen zu lassen. Ein ICE an der Bahnschranke – undenkbar. In früheren Epochen und heute noch auf Nebenstrecken ist der beschrankte Bahnübergang öfter anzutreffen.

Die mitgelieferten Bauanleitungen der Anbieter erklären genau, wie man seinen Bahnübergang in die Anlage integriert. Es ist sinnvoll, in unmittelbarer Nähe zwei Lampen aufzustellen. In früheren Epochen stand neben dem Übergang das Haus des Schrankenwärters, das es bei verschiedenen Anbietern gibt. Der Bereich zwischen den Schienen, den die Straße kreuzt, muss man natürlich ausfüllen. Das kann mit der teilweise mitgelieferten Bodenplatte geschehen, man kann aber auch zusätzliche Gleisfüllstücke kaufen oder sich selbst an die Arbeit machen, indem man zum Beispiel schmale Holzstückchen dunkelbraun anmalt, zusägt und auf die Schwellen klebt. Man muss allerdings aufpassen, dass genügend Abstand zu den Schienen bleibt, um ein Entgleisen des Zuges zu vermeiden. Ein flaches, glattes Stück Holz kann man ebenfalls einsetzen und dann entweder grau anstreichen oder ein Stück Straßenkrepp darüberkleben, um Asphalt zu simulieren.

In früheren Epochen war der lediglich durch ein Andreaskreuz und die Lokpfeife des näher kommenden Zugs gesicherte Bahnübergang noch sehr häufig.

Hersteller	Artikel-Nr.
Auhagen	11 345 oder 41582
Busch	5300, auch Varianten für die USA, die Schweiz, die Niederlande, Belgien, dazu Andreaskreuze mit Warnblinkern (6020 oder 6021)
Viessmann	5100 (vollautomatische Bahnschranke; 5835: Andreaskreuze mit Blinklichtern und Relais)

Bahnübergang mit Lichtzeichenanlage

Solche Flügelsignale findet man heute kaum noch

Modernes Lichtsignal im Modell ...

Signale

Zwar gab es die ersten Lichtsignale schon sehr früh im 20. Jahrhundert, doch noch sehr lange wurden die althergebrachten Formsignale verwendet. Für die Modellbahner der Epochen I – III ist deshalb das Formsignal die geeignete Wahl.
Wichtigstes Formsignal ist das sogenannte Flügelsignal, das einen oder zwei Signalflügel besitzt, die entweder schräg nach rechts oben gerichtet sind oder waagerecht. Jede Position des Flügels bedeutet einen fest definierten Befehl. Um auf das Kommen eines Signals hinzuweisen, werden Vorsignale eingesetzt, die den Lokführer bereits vorwarnen.
Signale geben als Block- oder Ausfahrtsignale eine Strecke frei und tragen so maßgeblich zur Sicherheit bei. Bei den Hochgeschwindigkeitszügen wäre die Gefahr jedoch groß, wollten sie sich nur auf Signale verlassen. Der Lokführer bekommt hier die Fahrbefehle elektronisch mitgeteilt.
Im Modell gibt es hervorragende Signale von Viessmann. Dieser Hersteller hat sogar Formsignale nach der besonderen Form von Bayern, Österreich und der Schweiz im Angebot. Außerdem bieten unter anderem Busch, Märklin, Fleischmann und Weinert Modellbahnsignale an.
Während im Vorbild die Indusi den Zug dahingehend beeinflusst, der Vorgabe des Signals zu folgen, können im Modell Module diese Aufgabe erfüllen. Sie lassen bei Haltesignal den Zug stehen, beim Umschalten fährt er wieder weiter. Die Phasen für Halt und freie Fahrt können mit Relais oder aufwendigeren Schaltern festgelegt werden.

... und heute in der Realität

Ein Formsignal im Modell ...

...und früher in der Realität

Signale sind nicht nur die Flügelsignale oder Lichtsignale, sondern auch Hinweisschilder. Die kann man ganz leicht selbst herstellen.

Downloadtipp für Signale:
http://www.kazmedia.de/bahn/downloads.html
Hier findet man jede Menge Signaltafeln zum Herunterladen und Ausdrucken. Sie sind im Maßstab N, doch man braucht sie nur doppelt so groß ausdrucken, schon hat man auch für H0 Geschwindigkeitstafeln oder Hektometertafeln. Das sind zwei schwarze Zahlen auf weißem Grund, die alle 200 Meter entlang einer Bahnstrecke stehen und anzeigen, wie lange man schon gefahren ist. Oben stehen die vollen Kilometer, unten die hundert Meter (zwei Nullen gestrichen). Außerdem bieten die Macher der Seite Straßenverkehrszeichen.
Man muss nur die PDF-Datei auf festem weißem Papier ausdrucken und dann an einem bereits aufgestellten Oberleitungsmast oder an einen Schaschlikspieß kleben und neben der Strecke beziehungsweise am Straßenrand platzieren. Für Spur N ist bereits eine Stecknadel geeignet.

Wichtige Signale im Bahnbetrieb

Wer seine Anlage mit Signalen ausstattet, sollte wissen, was diese besagen, damit man keine Fehler begeht. Hier finden Sie wichtige Formsignale. Eine Beschreibung der verschiedenen Lichtsignale folgt in Kapitel 7.

Langsam weiterfahren — Halt Fahrverbot — Wartesignal — Halt erwarten — Halt erwarten — Fahrt erwarten — Fahrt erwarten — Langsamfahrt erwarten

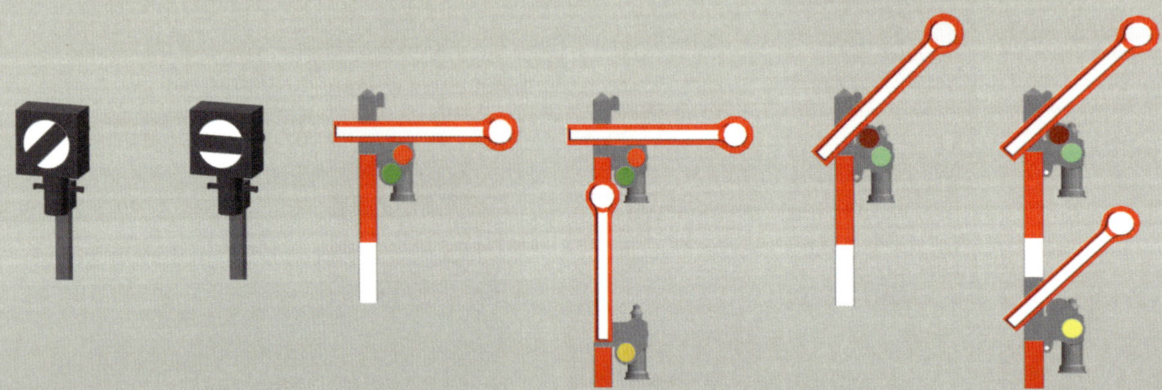

Fahrverbot aufgehoben — Halt Fahrverbot — Halt — Halt — Fahrt — Langsamfahrt

Brücken und Viadukte – das Salz der Anlage

Mit die interessantesten Bestandteile einer attraktiven Modellbahnanlage sind Viadukte und Brücken. Wo liegt der Unterschied? Kurz gesagt: Wenn das Bauwerk auf einer Reihe von Pfeilern steht, bezeichnen wir das Bauwerk als Viadukt, ansonsten ist es eine Brücke. Ein drittes, das wir noch kennen, ist die Unterführung, bei der der Zug über der Straße kreuzt. Bei der Vielzahl angebotener Bausätze kann man sich die passende Brücke zu seiner Epoche oder Region aussuchen. Allerdings ist es auch möglich, sich mit etwas Aufwand entweder aus verschiedenen Bauteilen der Hersteller etwas Eigenes zu bauen oder sich komplett selbst ein solches Bauwerk zu errichten. In unserem Beispiel werden ein oder mehrere Viaduktbausätze zusammen verwendet, um einen langen, eine Kurve beschreibenden Viadukt zu bauen.

Benötigtes Werkzeug/Material	
Bleistift	☐
Lineal	☐
Plastikkleber	☐
Feinsäge oder Bastelmesser	☐
NOCH Bruchsteinviadukt gerade (Artikel-Nr. 58660)	☐
NOCH Bruchsteinviadukt gebogen (Artikel-Nr. 58664)	☐

1

Die Pfeiler werden auf die richtige Länge gebracht

2

Die Einzelstücke werden zusammengeklebt

3

Äußerer Pfeiler und Brückenkopf werden angepasst

4

Jetzt kann der Viadukt in die Anlage eingesetzt zu werden

Wenn man sich bei der Landschaftsgestaltung eine Streckenführung mit Kaufprodukten anlegen will, ist es natürlich wesentlich, dass man die Form des Geländes an die Brücke oder den Viadukt anpasst. Wichtig ist auch, dass das gekaufte Produkt einen Radius hat, den man mit seinem Rollmaterial befahren kann. Im Beispiel sollen Bruchsteinviadukte, wie sie für eine Alpenbahn typisch sind, zu einem längeren Modell zusammengebaut werden.

Man beginnt mit einer Stellprobe und misst dann ab, um wieviel der Viadukt noch zu hoch ist. Besonders fesselnd ist es, wenn die Strecke etwas ansteigt. Hier muss dann noch der Steigungswinkel berücksichtigt werden. Die Brückenpfeiler werden mit einer Feinsäge oder einem Bastelmesser auf die passende Höhe gekürzt. Wieder erfolgt eine Stehprobe. Der äußere Pfeiler, der am Brückenkopf mit dem Gelände verbunden wird, muss nun eingepasst werden und wird ebenfalls gekürzt. Man kann die Schlucht auch langsam abfallen lassen. Dann muss die Länge der Pfeiler entsprechend angepasst werden.

Der Übergang vom Gelände auf den Fahrdamm des Viadukts muss auf gleicher Ebene erfolgen. Mit den anderen Elementen verfährt man nun ebenso und passt die Länge der Pfeiler an das Gelände an. Jetzt werden die verschiedenen Teile miteinander verklebt. Abschließend wird das Brückengeländer angebracht.

Man kann auch mehrere Brücken hintereinander bauen, dann benötigt man Pfeilerelemente, die man so zusammenstellen kann, dass die Höhe passt.

Möglich ist es aber auch, passende Holzblöcke zu verwenden, die man dann lackiert oder noch besser mit Musterplatten aus geprägtem Karton verkleidet, die es in den verschiedensten Mustern zu kaufen gibt.

Auch für Unterführungen gibt es interessante Bausätze.

Wer für mehr Details sorgen will, hat sehr einfache Möglichkeiten. Wie wäre es mit ein paar Graffiti-Bildern an der Basis der Brücke? Das ist zwar im Original nicht jedermanns Geschmack, doch auf der Modellbahn trägt die bunte Schmiererei viel dazu bei, die Szenerie lebensechter zu gestalten. Bei hohen Brücken kann man wagemutige Bungee-Springer sporteln lassen.

Dieser Viadukt könnte in der Schweiz stehen

Tunnels – Eingang in eine andere Welt

Was ist spannender, als bei einer Modellbahn den Zug in einen Tunnel einfahren zu sehen und zu schauen, wo er wieder herauskommt? Oder kommt stattdessen eine andere Garnitur auf der jenseitigen Seite des Berges heraus? Ein Tunnel kann in den Schattenbahnhof führen, kann den Zug über ein Gleiswendel auf eine größere Höhe bringen oder den Abschluss eines spektakulären Viadukts bilden. Natürlich kann man es sich leicht machen und einen der vielen Fertigtunnels kaufen, die bereits begrünt und mit einer Alm versehen sind. Doch allemal reizvoller ist das selbst angelegte Objekt.

Für die Tunneleinfahrt gibt es im Handel die verschiedensten Portale, so dass man sich ganz nach Wunsch eines aus Bruchstein, aus Quadermauern oder mit vielfarbigen Steinen kaufen kann. Wer seine Strecke elektrifizieren will, muss aufpassen, dass das Portal für Oberleitungen geeignet, sprich die Öffnung höher ist. Wer sich nicht sicher ist, ob er den Fahrdraht nachrüsten will, sollte sich gleich auf diese Produkte konzentrieren. Für den Bereich im Tunnel gibt es eigene Oberleitungssets (so bei Viessmann Artikel-Nummer 4195).

Wer später mit Oberleitung fahren will, sollte darauf achten, dass die Tunnelhöhe beim Bau nicht zu niedrig ist

Die Portale zu zwei eingleisigen Nebenbahnen zweigen ab

Tunnelportal mit sehr schönen Stützmauern

Die braucht man jedoch nur, wenn man mit Oberleitungsstrom fährt. Die Portale werden an das Gestaltungsmaterial der Landschaft angeklebt und dann in die Oberfläche eingebunden. Es ist sinnvoller, erst die Tunnelblende zu fixieren und dann die Vegetation zu gestalten.

Besonders interessant wirkt ein Tunnel, wenn seine Einfahrt seitlich von Stützmauern begleitet wird. Sehr schön sind solche mit Arkadenteilen, etwa von Auhagen (Artikel-Nummer 43 628). Um einen realistischeren Effekt zu erzielen, werden die fabrikneuen Teile in der Graniertechnik eingefärbt. Dabei verwendet man verschiedene Farben, die mit einem fast trockenen Pinsel aufgetragen und kurz vor dem Abbinden sauber abgewischt werden. So entstehen herrliche Farbeffekte. Wer will, kann Teile der Mauern und Portale etwas beflocken.

Bei Bahnen, die in einer gebirgigen Gegend spielen, kann man eine interessante Bauweise aus dem Vorbild aufnehmen und relativ einfach um-

Eine Galerie im Bau ...

... und fertig in der Anlage

Modernes Betonportal für ICE

setzen. Gerade um Schnee- und Geröll-Lawinen zu entgehen, werden gefährdete Streckenabschnitte oft halb in den Berg hineingebaut. Auf der einen Seite ist dann die Felswand, auf der anderen eine Mauer. Da man sich aufwendige Beleuchtungseinrichtungen sparen kann, wenn man Licht einlässt, wird die Mauer mit großen Öffnungen gebaut. Diese Galerien sind quasi halb offene Tunnels. Was das Portal und eine eventuelle Oberleitung betrifft, gilt das Gleiche wie für den Tunnel. Die Galerieseite kann ganz einfach aus einem Stück Holz geschnitten und mit dem Fundament verschraubt werden. Wichtig ist es, die Öffnungen möglichst gleichmäßig herauszuschneiden und die Höhe (Lok mit Stromabnehmer und Oberleitung) richtig festzulegen. Die Innenseite sollte schwarz gestrichen werden.

Mit schmalen Holz-, Kork- oder Plastikstreifen kann man Verzierungen simulieren. Die Oberfläche wird nun entweder mit einer Strukturplatte auf Kunststoff oder Pappe beklebt, man kann aber auch mit verschiedenfarbigem Anstrich eine Betonmauer nachbilden. Sehr ansprechend ist es, wenn die Vegetation auch an der Mauer üppig gedeihen darf.

Wer einen Tunnel auf seiner heimischen ICE-Strecke haben möchte, sollte darauf achten, dass er nicht ein Portal im Stil des 19. Jahrhunderts verwendet, sondern eines der (etwa bei Busch oder NOCH) angebotenen röhrenförmigen Betonportale.

Im Tunnel ist es wichtig, dass es keine engen Kurven gibt, bei denen eine erhöhte Gefahr des Entgleisens besteht. Denn auch wenn man auf jede Stelle untertags zugreifen können sollte, ist es doch auf Dauer mühsam, wenn man jedes Mal unter die Platte kriechen muss. Bei den Preisen und Größen der modernen Minikameras ist es eine interessante Möglichkeit, den Schattenbahnhof per Video zu überwachen und das Kamerabild auf dem PC wiederzugeben. Wer das möchte, sollte auf ausreichende Beleuchtung achten.

Betriebswerke und Bahnhöfe – zwei Standardthemen der Modellbahn

Für jede Lok das richtige Bw

Modellbahnbetriebswerke sind eines der beliebtesten Modellbahnthemen. Hier hat man vielfältige Spielmöglichkeiten, und das liebste Kind des Modellbahners, die Lokomotive, steht im Mittelpunkt. Während bei Elektroloks lediglich eine Halle nötig ist, wo man die Maschine parkt, für die Diesellok noch eine zusätzliche Tankstelle benötigt wird, hat man für die Dampfloks ein hochkomplexes Gebilde schaffen müssen.
Wie ist die Anordnung der Stationen in einem Betriebswerk, das für die Dampftraktion konzipiert ist? Es beginnt mit der Bekohlung. Das war in Epoche I noch schwere Handarbeit, denn die Kohle wurde in Körben auf ein Gerüst geschleppt und von dort in den Tender geschüttet. Später übernahm ein Kran oder ein Förderband diese Aufgabe. An dem Kran hingen meist Hunte, später auch Greifer.

Kleine Bekohlungsanlage

Es gab auch Betriebswerkseinrichtungen, wo die Kohle von einem höher liegenden Ort aus in die Öffnung des Tenders gestürzt wurde. In großen Betriebswerken standen Hochbunker, in die große Kräne Kohle füllten. Die Lok stand unter die-

Mittelgroße Bekohlungsanlage mit Greifer

sem Hochbunker und wurde durch Öffnen einer Luke mit herunterfallender Kohle gefüttert.
Bei der Modellkohle sollte man nicht knausern, sondern sich aus dem Zubehör echte Kohle besorgen, denn die gibt durch ihre Färbung das einzig adäquate Material in die Hand.

Zur Darstellung von Kohle nimmt man – Kohle

Wasserkräne zum Befüllen der Dampfloks

Nun wurden der Aschkasten und die Rauchkammer entschlackt. Die Abfälle landeten in einer Löschegrube.
Weil sich ja der Dampf aus erhitztem Wasser entwickelte, war es natürlich wichtig, diesen Betriebsstoff in ausreichender Menge zu fassen. Zu wenig Wasser konnte zu einer gefährlichen Kesselexplosion führen. Die Befüllung der Tender mit Wasser erledigte ein Wasserkran.
Hier in der Nähe sollte der Wasserturm stehen, der nicht nur das kühle Nass sammelte, sondern auch durch die Fallhöhe für den nötigen Betriebsdruck sorgte.

Als Letztes fehlte nun noch Sand. Warum das? Ganz einfach: Sand im Getriebe bedeutet drohenden Stillstand, wegen des Reibungseffekts von Sand. Dies machte sich die Eisenbahn zunutze, indem zur Unterstützung von Bremsmanövern in kleineren Mengen Sand vor den Rädern aufs Gleis gestreut wurde. Die Besandungsanlagen fielen je nach Größe des Betriebswerks unterschiedlich aus.
Abschließend wurde die Lok abgestellt. Sie wurde auf eine Drehscheibe gefahren und dann so weit gedreht, dass sie das Gleis erreichte, das zu ihrem Abstellplatz führte. Dampflok-Ringschuppen hatten Rauchabzüge, denn die Loks wurden weiter warm gehalten, um beim neuen Dienstantritt schneller auf Touren zu kommen. Kleinere Reparaturen konnten in einem separaten Raum vorgenommen werden. War das nicht möglich, musste die Lok in ein Ausbesserungswerk transferiert werden. So ein Ringlokschuppen mit Drehscheibe gehört zu den großen Hinguckern bei einer

Besandungsanlage

Bild links: Jedes Bahnbetriebswerk braucht einen Wasserturm

Ringlokschuppen und Drehscheibe. Oben sieht man die Rauchabzüge

Anlage. Große Betriebswerke hatten sogar zwei nebeneinanderliegende Drehscheiben.
Eine andere Möglichkeit, die Loks abzustellen, war die Schiebebühne, die weniger Platz benötigt. Hier laufen die Gleise aber nicht fächerförmig auseinander, sondern bleiben parallel. Nach Abschluss der Arbeit fanden Heizer und Lokführer im Sozialgebäude der Bahn etwas Ruhe. Hier kann man nette Szenen gestalten, indem man die Ausruhenden beim Kartenspielen, Sonnenbaden oder Plaudern zeigt.
Je nach Platz, Epoche oder dargestellter Strecke wird das Betriebswerk in verschiedenen Größen eingerichtet. Kleinanlagen sind interessant, wenn man räumlich beschränkt ist. Sehr viel Leben zaubert man in seine Anlage, wenn man nicht alle Bereiche sauber hält, sondern absichtlich mal etwas Kohle verschüttet. Betriebswerke für Dieselloks erlauben einen Spielbetrieb mit Kesselwagen, die den Treibstoff heranschaffen.
Wer ein Bahnbetriebswerk aufbauen will, sollte sich vorher bei der Planung genau überlegen, was er will. Die Dimensionen einer solchen Anlage werden oft unterschätzt. Manchmal ist es hilfreich, wenn man sich die Abmessungen des Ringlokschuppens als dem größten Bestandteil auf der Anlage anzeichnet, um einen besseren Eindruck zu gewinnen. An die beschriebene Reihenfolge der Stationen sollte man sich halten, um einen realistischen Betrieb nachspielen zu können. Gerade bei diesem Thema bietet es sich

Die Drehscheibe wurde in dem Häuschen rechts gesteuert

Ein Lokschuppen am Endbahnhof einer Nebenstrecke

besonders an, die Gebäude altern zu lassen, wie es in Kapitel 8 beschrieben ist.
Gebäude und Geräte für Bahnbetriebswerke gibt es von allen wichtigen Anbietern.

Ländlicher Kleinbahnhof ...

Das Zentrum der Modellbahn: der Bahnhof

Bauformen

Für die meisten Modellbahner ist der Bahnhof das Herz der Anlage. Die Möglichkeiten, die sich dem Modellbahner bieten, erfordern es, sich geistig sehr intensiv mit dieser Anlage zu befassen. So gibt es zunächst einmal mehrere Formen von Bahnhöfen. Die häufigste ist der Durchgangsbahnhof. Die Züge fahren auf der einen Seite in den Bahnhof ein, auf der anderen wieder heraus. Eine Sonderform ist der Inselbahnhof, bei dem das Empfangsgebäude zwischen den Gleisen liegt. Beim Kopfbahnhof enden die Gleise am Empfangsgebäude. Für die Weiterfahrt musste eine Tenderlok „Kopf machen" (Lok umdrehen).

Schließlich gibt es den Keilbahnhof, bei dem zwei oder mehrere Strecken sich trennen, das Empfangsgebäude bildet eine „Halbinsel".

Nach Verkehr ist die Einteilung eine andere. Hier spricht man von einem Haltepunkt, wenn ihn nur eine Strecke berührt. In einem Knotenbahnhof treffen sich mehrere Strecken. Beim Anschlussbahnhof beginnt eine Nebenstrecke. Während früher alle Gleise auf einer Ebene verliefen, änderte sich das mit dem Aufkommen der S- und U-Bahnen. Bei modern angelegten Bahnhöfen wie dem neuen Hauptbahnhof in Berlin gibt es mehrere Ebenen, die durch Rolltreppen erreichbar sind.

... und mächtiger Hauptbahnhof

Empfangsgebäude

Von den Herstellern gibt es die verschiedensten Bahnhofsmodelle: vom kleinen ländlichen Haltepunkt über mittelgroße Gebäude bis hin zu spektakulären Großbahnhöfen, die sogar je nach Bedarf noch verlängert werden können. Dem Modellbahner sind hier keine Grenzen gesetzt. Selbstverständlich sollte man aber darauf achten, keinen modernen Nachkriegsbahnhof für seinen Epoche-II-Betrieb zu erbauen.

Neben der richtigen Größe sollte man Rücksicht darauf nehmen, dass die Bahnhofsarchitektur in die nachgebildete Region passt. Typische Alpenbahnhöfe sollten in einer gebirgigen Gegend aufgestellt werden.

Eine Rangierlok bildet einen Reisezug

Ein schön gestalteter U-Bahnhof

Geräuschkulisse

Man kann eine typische Bahnhofsatmosphäre durch passende Geräusche oder Lautsprecherdurchsagen noch verstärken. Ganz einfach geht das im Digitalbetrieb mit hunderten von Tonspuren, doch ist es auch möglich, mit einem Aufnahmegerät selbst zum Bahnhof zu gehen und dort einige Zeit die Geräuschkulisse mitzuschneiden. Ideal ist es, wenn gerade viele Züge einlaufen. Diese Aufnahme kann man dann während des Spielbetriebs laufen lassen.

Ein moderner Bahnsteig mit Fahrkartenautomat

Bahnsteig der Epoche V mit rotem „Mehdorn-Männchen“ in der Bildmitte

Bahnsteige

Wenn man das Empfangsgebäude hinter sich gelassen hat, gelangt man zu den Bahnsteigen. Auch hier gibt es verschiedene Möglichkeiten der Umsetzung. Die einfachste ist die, sich ein Modell zu kaufen. Das lohnt sich vor allem bei überdachten Bahnsteigen, wo von der Uhr bis zur Anzeigetafel alle Bestandteile enthalten sind. Die Überdachungen gibt es in verschiedenen Formen. Bei früheren Epochen werden verspielte Gusseisenträger gerne verbaut, spätere Konstruktionen sind nüchterner.

Bis in Epoche IV konnte man auf den Bahnsteigen noch gelbe Telefonhäuschen finden, die allerdings teurer waren als die „Normalen“.

Ein Aufgang zum Bahnsteig ersetzt die alten Brücken

Bei modernen Bahnsteigen findet man so typische Ausstattungen wie Fahrkartenautomaten, Automaten für Getränke und Snacks sowie die auffallenden Abfalltonnen für die Mülltrennung.

Auf Nebenstrecken wurde in der Regel auf eine Überdachung verzichtet. Das macht das Anlegen eines solchen Bahnhofs leichter. Hier kann man sich neben den Kaufprodukten auch mit einem langen Holzklotz behelfen, den man in realistischen Farben bemalt und oben mit einer Strukturpappe beklebt. Hier muss man darauf achten, dass die Höhe des Bahnsteigs zu den Türen der Wagen passt, die hier halten werden. Im Zweifelsfall probiert man das lieber aus. Ein interessantes Detail für den neueren Bahnbetrieb ist die weiße Sicherheitslinie, die man mit einem Lineal und weißer Farbe sehr leicht selber ziehen kann.

Ein idyllischer Bahnhof erfreut jeden Modellbahner

Eine Bahnsteigbrücke wird mit Streugras unter den Pfeilern noch realistischer

Optischer Leckerbissen: überdachte Bahnsteigbrücke

Ein Aufgang zum Bahnsteig ersetzt die alten Brücken

Zugang zu den Bahnsteigen

Wenn man einen Bahnhof mit mehreren Gleisen baut, muss man auch dafür sorgen, dass die Fahrgäste ihren Bahnsteig erreichen. Hier gibt es zwei Möglichkeiten. Entweder kommt man von unten durch eine Unterführung dorthin oder – weit spektakulärer – über eine Bahnsteigbrücke. Es gibt hier sehr schöne Bausätze, die entweder eine Holzbrücke nachbilden, was eher für den Regionalverkehr geeignet ist, oder überdachte Stahlgerüste mit Glasfenstern. Wer lieber eine Unterführung haben möchte, kann sich die passenden Bahnsteige als Bausatz kaufen.

Das wichtigste Element eines Bahnsteigs sind natürlich die wartenden Menschen. Bei ihrer möglichst zahlreichen Aufstellung kann man nette Situationen schaffen, die dem Betrachter unterhaltsame Geschichten erzählen. Dank den von Viessmann angebotenen Figuren, die sich bewegen können, ist die Möglichkeit der Gestaltung heute vielfältiger als je zuvor.
Ein mehrgleisiger Bahnhof würde sehr schnell im Chaos untergehen, wenn nicht aufmerksame Mitarbeiter im Stellwerk für Ordnung sorgen würden. Die Gebäude, die dafür gebaut wurden, haben sich in den Jahrzehnten des Bahnbetriebs immer

Kleines Stellwerk aus Epoche IV

Ein Brückenstellwerk ist spektakulär

wieder geändert. Die Anbieter von Modellbahnzubehör haben sich so ihre Gedanken gemacht und bieten ein umfangreiches Sortiment an Stellwerken an.
Eine mögliche Bauweise ist das Brückenstellwerk, das über die Schienenstränge gebaut wurde. Ihr Vorteil ist die bessere Sicht auf die Gleisanlage im Vorfeld eines Bahnhofs. Bei kleineren Bahnhöfen reicht auch ein weniger voluminöses Stellwerk am Gleisrand.
Wie auch bei den Empfangsgebäuden haben die Hersteller sehr häufig ihr Stellwerk-Modell einem realen Vorbild nachgebildet.

Das Stellwerk Rüdesheim im Vorbild

Das Stellwerk Rüdesheim im Modell von Vollmer

Checkliste: Was passt zu meinem Bahnhof

Absicht	Folgen	Maßnahme	trifft zu
Ich will einen ICE einsetzen.	Der Bahnsteig muss die Zuglänge übertreffen und wird sehr lang.	Anlage auf diese Länge ausrichten, eventuell einen eigenen ICE-Bereich bauen, der länger ist. Den ICE-Bahnhof in den Untergrund legen.	☐
Ein Bahnhof allein ist doch öde, oder?	Es ist unrealistisch, sich auf einen Bahnhof zu beschränken. Zwei oder drei sollten es schon sein.	Bei Platzproblemen bietet sich die Anlage eines Haltepunkts an, an dem vielleicht sogar eine Nebenstrecke abzweigt. Man kann auch die Einfahrt in den Schattenbahnhof mit der Fassade eines Kopfbahnhofs schmücken, so dass der Eindruck entsteht, die Züge würden sich dann dort aufhalten.	☐
Ich möchte lieber rangieren.	Ein attraktives Thema für eine kleinere Anlage kann ein Rangierbahnhof (in Österreich Verschiebebahnhof genannt) sein. Hier kann man Güterzüge zusammenstellen, Abladevorgänge durchführen und mit kleineren Rangierloks arbeiten. Güterzüge kann man auch kürzer zusammenstellen.	Wichtige Informationen über Bestandteile eines Güterbahnhofs aus der Fachliteratur sammeln.	☐
Ein Großbahnhof ist mein Traum.	Achtung! Ein Großbahnhof auf der Wiese wirkt lächerlich. Er liegt immer in Umgebung zu einer Stadt.	Man sollte zumindest durch einen Hintergrund den Eindruck einer größeren Stadt, die auf der anderen Seite des Empfangsgebäudes beginnt, erwecken.	☐
Wie kann ein Bahnhof in Epoche I aussehen?	Oft wurde bei kleineren Orten der Bahnhof in die „Pampa" gebaut, weil man die Schienen möglichst gerade legen wollte. So entstanden eigene Ortsteile mit dem Namen „Bahnhof".	Ein Motiv, mit dem man Geld für viele Häuschen sparen kann, ist die Anlage eines solchen Abseitsbahnhofs. Die Orte selbst kann man versteckt hinter einem Hügel erahnen lassen, auf den Hintergrund malen oder durch einige Gebäude und eine Kirche andeuten.	☐

6. Von der Landschaft bis zum Bahnhof

6. Von der Landschaft bis zum Bahnhof

Individuelle Gestaltung der Anlage

Gelände

Gestaltung der Landschaft mit Drahtgitter

Nach dem Erstellen des Unterbaus und dem Verlegen der Gleistrassen geht es darum, die dazugehörende Landschaft zu schaffen. Die Gestaltung des Geländes gehört zu den Tätigkeiten beim Anlagenbau, die der Kreativität am meisten Raum lassen, auch wenn man sich an gewisse Regeln halten muss, um am Ende eine authentische Landschaft vor sich zu haben.

Der Untergrund setzt sich je nach Art des Unterbaus aus einer Holzplatte oder, falls es sich um eine Rahmenbauweise handelt, aus dem Anlagenskelett mit seinem Gitter aus Spanten zusammen.

Im Fall der Rahmenbauweise besteht die sinnvollste Vorgehensweise darin, die Rahmenteile mit einem feinmaschigen Drahtgitter abzudecken.

Eine Berglandschaft macht die Anlage interessant

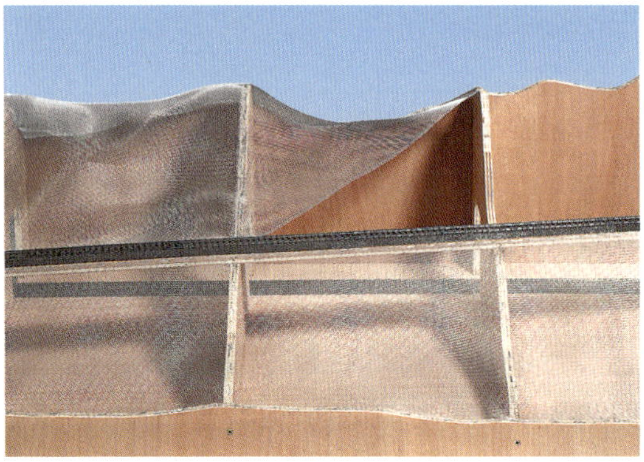

Das Drahtgitter wird auf den Spanten des Rahmenunterbaus verlegt

Alte Bilder können als Vorbild für die Anlage dienen

Ein Versuchszug im Gebirge

Am zweckmäßigsten sind dabei Alugewebe, die im Modellbau-Fachhandel erhältlich sind. Beispiele dafür sind das Gelände-Alugewebe von NOCH oder das Aludrahtgewebe von Heki. Alternativ dazu können auch Fliegengitter aus dem Baumarkt verwendet werden, wobei man darauf achten sollte, dass die Maschenweite nicht zu groß ist. Mit einer Allzweckschere oder einem anderen geeigneten Schneidwerkzeug kann das Gewebe auf die passende Größe und Form zugeschnitten werden. Um Höhenunterschiede im Gelände zu erzeugen, werden unter dem Gitter Holzleisten angebracht.

Eine andere Möglichkeit ist es, die Spanten des Unterbaus bereits so zu schneiden, dass Höhenunterschiede vorhanden sind, wenn das Gitternetz aufliegt. Anschließend wird das Gittergewebe am Rahmen und an den Spanten mit Stahlklammern befestigt. Dabei sollte darauf geachtet werden, dass das Gittergewebe nicht durch die Klammern zerrissen wird.
Als nächste Schicht wird Gips aufgetragen. Es ist wichtig, dass es sich um einen Modell- oder Alabastergips handelt. Andere Sorten sind ungeeignet, da sie später Risse bekommen können. Das passende Material kann in Baumärkten und ähnlichen Geschäften gekauft werden. Aber auch im Modellbaufachhandel wird ein für diese Zwecke spezieller Gips von mehreren Herstellern angeboten.

Um es dem Modellbauer noch leichter zu machen, haben mehrere Hersteller verschiedene Produkte für die Landschaftsgestaltung im Angebot. Dazu gehören zum Beispiel der Geländekrepp von Busch, der als leicht formbares Untergrundmaterial dienen kann, und die Gipsgewebe von Busch, Faller und NOCH, mit denen in Verbindung mit einem Drahtgewebe ein selbsttragender Untergrund erzeugt werden kann.
Nach dem Auftragen der letzten Schicht, sei es ein Gips oder ein Gipsgewebe, ist der landschaftliche „Rohbau" fertig. Aber es schaut noch nicht natürlich aus, sondern eher wie eine extraterrestrische Welt. Der nächste Schritt besteht darin, Wiesen, Felder, Wälder, Straßen und Plätze anzulegen. Dies wird ab Seite 158 erklärt.

Die Spanten können so geschnitten sein, dass sie als Unterlage für den Berg dienen

Auf das Drahtgitter kommt eine Schicht Gips

Auch Latten können als Stützen bei landschaftlichen Unebenheiten verwendet werden

Produkt	Artikel-Nr.
Busch Modellbau-Gipsgewebe	7194
Busch Geländekrepp	7174
Faller Geländebau-Gipsgewebe	170663
NOCH Gelände-Alugewebe	60990
NOCH Modellier-Gipsgewebe	60980

Berge können aus Schichten Styropor oder Hartschaum gebildet werden

Gelände und Berge aus Styropor oder Hartschaum

Berge sind ein beliebter Teil eines Anlagengeländes, da sie für Abwechslung sorgen sowie unterschiedliche Vegetationen und Landschaftsthemen zulassen. Nur die wenigsten Modellbahnanlagen kommen ohne Unebenheiten in der Landschaft aus. Bei der Erstellung von Bergen führen mehrere Wege zum Ziel. Die wichtigsten sollen hier vorgestellt werden.

Falls man einen festen Untergrund hat, beispielsweise eine Platte, eignet sich Styropor hervorragend zur Landschaftsgestaltung. Es können mehrere Platten aufeinandergestapelt und mit Leim zusammengeklebt werden. Styropor ist leicht zu bearbeiten. Mit einem Messer, einer Säge, einer Spachtel oder einem anderen Schneidwerkzeug können die Platten seitlich abgeschrägt werden, so dass ein steil abschüssiges Gelände entsteht. Noch leichter zu bearbeiten sind die von Busch speziell für die Landschaftsgestaltung angebotenen Modellbau-Hartschaumplatten. Sie zeichnen sich durch sehr kleine Schaumbläschen und dadurch eine fast geschlossene Oberfläche aus. Die passende Form kann man wie beim Styropor durch Zuschneiden mit einfachen Schneidwerkzeugen erreichen. Die einzelnen Platten werden mit Heißkleber, Holzleim oder Kontaktkleber miteinander verbunden. Falls man eine felsige Oberfläche erzeugen möchte, können die betreffenden Stellen der Hartschaumplatten mit einem Stechbeitel, mit Schleifpapier, einem Schnitz- oder einem Bastelmesser bearbeitet werden, um die betreffenden Strukturen herauszubilden. Mit einer Drahtbürste lässt sich die Oberfläche wie bei Schichtgestein schaffen. Der Eindruck von Felsen wird anschließend durch das Bemalen mit den passenden Farben vervollständigt.

Mit Hilfe von Schnitzwerkzeugen können Felsstrukturen herausgearbeitet werden

Produkt	Artikel-Nr.
Busch Hartschaumplatten	7208
Faller Colofix-Flex, Kleber für Styropor- und Hartschaumteile	170659

Ein fertiges Gebirge ist ein Blickfang auf der Anlage

Berge aus Drahtgitter, Papier und Gips

Bei dieser traditionellen Bauweise von Bergen werden als Materialien Drahtgitter, Papier und Gips verwendet. Ausgangspunkt ist der Unterbau, bei dem die Spanten schon so geformt wurden, dass sie das tragende Element der Berge bilden. Falls dies nicht der Fall ist, können am Unterbau befestigte Holzstützen verwendet werden, die den Berg tragen.

Wie schon vorher bei der Landschaftsgestaltung beschrieben, findet auch hier ein Drahtgitter Verwendung, mit dem die Grundstruktur der Berge gebildet wird. Der erste Schritt besteht darin, das Gitter mit Klammern, wozu man auch Klammermaschinen einsetzen kann, an den Stützen oder Spanten und dem Unterbau zu befestigen.

Manche verwenden anschließend Zeitungspapier, bestreichen es mit Tapetenkleister und bringen es auf dem Gitter an. Solange das Papier feucht ist, kann es nach Belieben geknüllt und geformt werden, um damit gewünschte Unebenheiten am Berg zu erzeugen.

Um die felsige Oberfläche des Berges zu schaffen, wird anschließend Gips aufgetragen. Auch hier ist es anzuraten, speziellen Gips für den Modellbau zu verwenden. Verschiedene Hersteller bieten für diese Aufgabe bereits abgestimmten Geländebau-Mörtel an. Zum Auftragen kann ein Palettmesser, ein spezieller Modellspachtel oder für größere Flächen auch ein normaler Spachtel verwendet werden.

Nachdem sich der Gips genügend verfestigt hat, geht es mit der Bearbeitung weiter. Mit verschiedenen Werkzeugen, wie Feilen, Messern, Stechbeiteln oder Schabern, können nun auf der Oberfläche gewünschte Strukturen herausgearbeitet werden. Dabei kann man die Felsen verfeinern, Felsspalten schaffen, das Bett eines Gebirgsbaches herausbilden und so weiter.

Um ein authentisches Ergebnis zu erzielen, ist es anzuraten, sich an tatsächlichen Gebirgen zu orientieren. Wie sehen Felsen in der dargestellten Region aus? Welche Farben haben sie? Um welche Gesteinsart handelt es sich? Dazu muss jedoch nicht extra eine Reise unternommen werden. Es reicht, wenn man sich entsprechende Bilder besorgt.

Zum Schluss erhalten die Felsen noch eine realistisch wirkende Farbe. Dabei kann man Wasserfarben oder Acrylfarben verwenden. Wichtig ist, dass die Felsen überzeugende Farben bekommen. Bei Granit herrschen eher Grautöne vor und bei Sandstein ein rötliches Braun. Zum Auftragen kann man einen Pinsel oder einen Farbroller verwenden. Auch hier erleichtern die Hersteller dem Landschaftsbauer die Arbeit, indem sie gleich passende Farben anbieten. Beispiele dafür sind die Acrylfarben und -sprays von NOCH, die außerdem wetterfest sind.

Produkt	Artikel-Nr.
Busch Geländebau-Mörtel steingrau	7192
Busch Geländebau-Mörtel beige	7193
NOCH Acrylsprays, 8 Farben	61170 – 61177
NOCH Acrylfarben, 12 Farben	61186 – 61197
NOCH Micro-Farbroller	60142

Landschaftsgestaltung mit TERRA-FORM

Die traditionelle Landschaftsgestaltung verlangt ein gewisses handwerkliches Geschick und Übung. Um es dem Modellbahner möglichst einfach zu machen, hat NOCH eine Methode entwickelt, die als TERRA-FORM bezeichnet wird. Grundlage dieses Systems bilden kleine, leichte Rundstäbe aus Kunststoff, mit denen als tragendes Element eine Art Gerüst gebaut wird. Die Stäbe können in beliebiger Länge zugeschnitten und in der gewünschten Form mit Verbindungselementen zusammengesteckt werden. Wenn das Gerüst fertig ist, wird es mit Gelände-Krepp oder dem Modellier-Gipsgewebe überdeckt. Dadurch entsteht eine Art Zelt mit unterschiedlichen Höhen. Je nachdem, wie das Zelt aufgebaut ist, können damit Berge, Schluchten und sogar Überhänge geschaffen werden. Als Werkzeug sind lediglich Schere, Bastelmesser, Feinsäge, Hammer und eine Schmelzklebepistole nötig. Anschließend kann das Gelände noch verfeinert werden, beispielsweise mit Felsspachtel oder fertigen Felsen.

Den Unterbau bilden Streben und Verbindungselemente

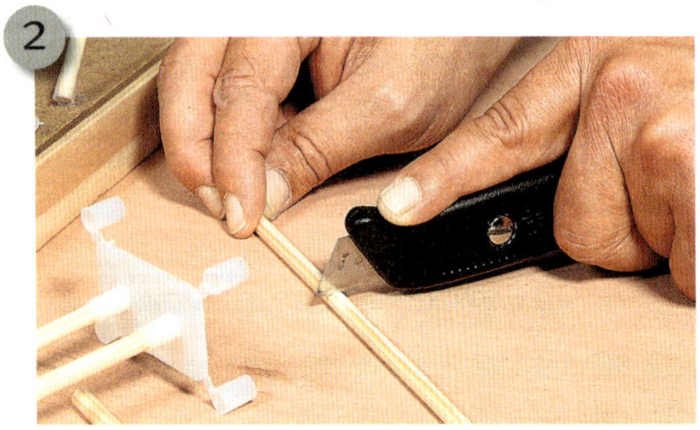

Die Streben können mit einem Bastelmesser auf die gewünschte Länge zugeschnitten werden

Dann wird das Gerüst aus Streben gebaut

Die Streben können zum besseren Halt geklebt werden

Mit Aluminiumdrähten werden die Konturen gebildet

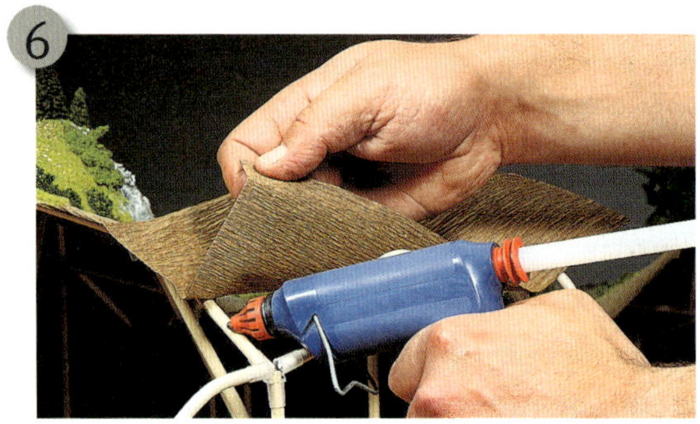

Zum Schluss wird der Gelände-Krepp aufgeklebt

Produkt	Artikel-Nr.
NOCH TERRA-FORM Basis-Set	61601

Produkt	Artikel-Nr.
NOCH Struktur-Felsstücke „Granit“	58451
NOCH Struktur-Felsstücke „Sandstein“	58452
NOCH Struktur-Felsstücke „Schiefer“	58453
Busch Gebirgs- und Felsensortiment	7497
Busch Zierkorkrinde für Felsen	7107

Fertige Felsen und Landschaftsteile

Für die einfache Gestaltung der Gebirgslandschaft mit Felsen werden von mehreren Herstellern Produkte angeboten. Von NOCH können bereits fertige Felsen aus Struktur-Hartschaum bezogen werden. Das Felsgestein gibt es in mehreren Ausführungen, passend für das jeweilige Gebirge, das man darstellen möchte: als Granit, Sandstein und Schiefer. Auch ganze Felsplatten werden in verschiedenen Ausführungen angeboten. Im Gegensatz zu richtigem Gestein können die Felsstücke aus Struktur-Hartschaum leicht mit einem Messer oder einer Laubsäge bearbeitet werden. Sie sind außerdem sehr leicht, stabil und wetterfest. Auch Busch bietet bereits fertiges Felsenmaterial an, darunter auch welches aus Zierkorkrinde.

Wer unter Zeitdruck ist und nicht so viel Wert auf die individuelle Gestaltung seiner Anlage legt, kann zudem fertige Landschaftsteile kaufen. Vor allem von Busch wird dazu eine große Auswahl angeboten. Dazu gehören Berge mit Tunneln, Gewässern, Brücken und Häusern.

Produkt	Artikel-Nr.
Busch Tunnel mit Wasserfall und Holzbrücke	3007
Busch Tunnel mit See	3011
Busch zweigleisiger Ecktunnel mit See und steilen Felspartien für gebogene Strecken	3012
Busch Großtunnel mit zwei Fahrbahnebenen	3041

1

Die Felsstücke werden von der Trägerplatte getrennt

2

Mit Klebstoff und Spachtelmasse werden die Felsen an den Berg geklebt

3

Fels- oder Montagespachtel dienen zum Einarbeiten der Felsen

4

Am Ende werden die Felsen mit Landschaftsbaufarben koloriert

Gewässer

Flüsse, Bäche und Seen sind interessante landschaftliche Elemente, für deren Erstellung es mehrere Methoden gibt. Der erste Gedanke ist oft: Warum nicht einfach echtes Wasser verwenden? Aber Wasser hat mehrere Nachteile. Es ist zwar echt, wirkt aber auf der Anlange wegen der fehlenden Farbe nicht natürlich. Es gibt zwar die Möglichkeit, das Wasser bläulich zu färben, aber der Nachteil ist, dass es im Laufe der Zeit verdunstet und einen Farbschlamm hinterlässt. Ein weiteres Problem ist die Abdichtung, die über einen längeren Zeitraum nicht immer hundertprozentig hält.

Ein blauer See mit einer natürlich wirkenden Oberfläche

Ein blauer See

Diese Methode gehört zu den klassischen Verfahren, bei denen nicht auf spezialisierte Produkte einzelner Hersteller zurückgegriffen wird.

Der erste Schritt besteht darin, die Fläche, die das Gewässer bilden soll, mit einer blauen oder einer anderen gewünschten Farbe zu bestreichen. Die angemalte Fläche kann etwas weiter sein als der zukünftige See, da der äußere Rand von dem Ufer verdeckt wird.

Als nächster Schritt geht es darum, das Ufer zu bauen. Für diesen Zweck können mehrere Materialien verwendet werden, beispielsweise Gips, fertige Felsen, Holzschnitzel und Ähnliches. Es wird später in einer passenden Farbe angestrichen.

In dem auf diese Weise geschaffenen Becken wird transparentes Silikon aus der Tube, wie es im Baumarkt erhältlich ist, gegossen. Die Unregelmäßigkeiten auf der Oberfläche erzeugen den Eindruck von Wellen. Mit dem Trocknen trübt das Silikon etwas ein, was eine Tiefenwirkung schafft. Manche Modellbahner malen die Oberfläche noch an, um eine gewünschte Farbgebung zu erzielen. Andere bringen noch vor dem Eintrocknen des Silikons eine durchsichtige Folie auf der Oberfläche an und bemalen sie entsprechend.

Wassereffekte mit Wasser-Gel

Besonders überzeugende Wassereffekte lassen sich mit den Wasser-Gels, die von NOCH und anderen Herstellern angeboten werden, erzeugen. Zu den Vorteilen dieser Produkte gehören die einfache Handhabung und das schnelle Ergebnis.

Zuerst wird der Untergrund des Gewässers farblich gestaltet

Strudel und Stromschnellen können mit Wassereffekten von NOCH gestaltet werden

3

Zweige oder Wurzeln können als Schwemmholz oder umgefallene Baumstämme dienen

4

Das Gewässer wird mit Felsen und Pflanzen versehen

5

Dann wird das flüssige Wasser-Gel in die Fläche eingegossen

6

Zum Schluss wird das Wasser-Gel gleichmäßig auf der Fläche verteilt

Bei der Verwendung von Wasser-Gel wird zunächst der Gewässergrund mit einer Acrylfarbe angestrichen. Auch hierzu sind spezielle Farbsets erhältlich. Durch Mischen können verschiedene Farbtöne erzeugt werden, denn nicht alle Gewässer sind gleich. Gebirgsbäche sind meist klar, tiefe Alpenseen türkisfarben und Badeseen eher blau-grün.

Als nächster Schritt wird das Wasser-Gel gemischt. Das zu verarbeitende Gel wird gewöhnlich durch das Vermischen zweier Komponenten erzeugt. Es ist anfangs noch dünnflüssig und lässt sich leicht in die bemalte Vertiefung, die den See oder Fluss bilden soll, gießen. Das langsame Verfestigen des Gels hat den Vorteil, dass es nicht nur zum Erzeugen flacher Wasseroberflächen, sondern auch, wenn es eine honigartige Konsistenz erreicht hat, für fließende Gewässer und bei noch größerer Festigkeit für rauschende Gebirgsbäche verwendet werden kann.

Das transparente Gel wird zum Schluss noch, falls es nötig ist, mit einem Pinsel verteilt.

Wasser aus Wasser-Tropfen

Sehr einfach wird es dem Modellbahner auch mit den Water-Drops® von NOCH gemacht. Es handelt sich dabei um Granulate in verschiedenen Farben. Die Water-Drops® können nach Belieben gemischt werden, um die gewünschte Farbe zu erzielen. Anschließend werden sie in einen hitzebeständigen Behälter gegeben und im Backofen zum Schmelzen gebracht. Die farbige Flüssigkeit kann daraufhin in den Miniaturfluss oder -see gegossen werden.

Neben der farbigen Ausführung sind die Water-Drops® auch in einer transparenten Version erhältlich. Das durchsichtige Produkt eignet sich mehr für Gewässer, bei denen man auf den Grund sehen kann, wie klare Bäche oder Seen.

Zu den Vorteilen der Water-Drops® zählt der niedrige Schmelzpunkt. Dadurch kann die Wasseroberfläche nachbearbeitet werden. Das Anblasen mit einem Haartrockner reicht dann aus, um die Oberfläche zähflüssig zu machen. So lassen sich beispielsweise auf einfache Art Wellen erzeugen.

Die Wasser-Tropfen können im Backofen geschmolzen werden

Das Flussbett wird für das Eingießen der Wasser-Tropfen vorbereitet

Danach werden die geschmolzenen Drops eingegossen

Mit dem Haartrockner kann die Wasseroberfläche zum Nachbearbeiten angeschmolzen werden

Am Ende kann der Fluss noch mit Details ausgestaltet werden

Seefolien

Die von manchen Herstellern angebotenen Seefolien stellen eine weitere einfache Methode für die Gestaltung von Gewässern dar. Als Untergrund wird eine ungefähr 20 Millimeter dicke Styroporplatte empfohlen. Die Oberfläche des Styropors wird mit einem Lösungsmittel, beispielsweise dem UHU-Löser, angelöst, um einen zerklüfteten Gewässeruntergrund zu erzeugen. Als Nächstes wird die auf diese Weise behandelte Fläche mit Farbe bemalt. Abhängig davon, welches Gewässer man schaffen möchte, werden meist Blau und Grün verwendet. Auch Moos und andere Gewächse kann man anbringen. Wenn die Gestaltung des Untergrunds fertig ist, kommt die transparente Seefolie als Wasseroberfläche zum Einsatz. Sie wird am Gewässerrand mit Gips oder anderem Material für die Landschaftsgestaltung eingespachtelt.

Produkt	Artikel-Nr.
Busch Seefolie	7180
NOCH Gewässergrund-Farbset	60875
NOCH 2k Wasser-Gel	60870
Busch „Aqua" Modellwasser	7589
NOCH Water-Drops® transparent	60855
NOCH Water-Drops® color	60856
Faller Seefolie	170791

Vegetation

Nachdem die Berge, Felsen und Gewässer geschaffen wurden, schaut das Gelände noch öde und leblos aus. Es geht nun darum, unsere Miniaturwelt mit einer Flora zu überziehen. Um an dieses Ziel zu gelangen, gibt es zahlreiche Methoden.

Grasmatten

Die einfachste und schnellste Methode besteht in der Verwendung von Grasmatten, die von mehreren Herstellern angeboten werden. Dazu gehören die Firmen Auhagen, Busch, NOCH, Heki und andere Hersteller, die eine große Anzahl von Gelände- und Grasteppichen anbieten.

Grasmatten bestehen gewöhnlich aus sehr feinen Fasern, die auf einer dünnen Kunststofffolie oder auf Papier angebracht sind. Ihre Verwendung ist denkbar einfach.

Zuerst wird der Untergrund von unbehandelten, neu zu dekorierenden Flächen mit Sprühkleber, Alleskleber oder Tapetenkleister behandelt, um dem nachher aufzutragenden Grasmaterial Halt zu geben. Die Matten müssen nicht als Ganzes aufgeklebt werden. Man kann sie zerschneiden oder zerrupfen und so der zu begrasenden Fläche anpassen. Durch die Verwendung verschiedener Grasmaterialien lassen sich unterschiedliche Effekte erzielen. Das „Wiesengras“ von Heki beispielsweise besteht aus gleich langem Gras, wodurch sich frisch gemähte Wiesen erstellen lassen. Mit dem „realistic Wildgras“ kann dagegen eine Fläche mit unterschiedlichen Graslängen und dadurch der Effekt von nachgewachsenem Gras geschaffen werden. Auch andere Hersteller bieten verschiedene Produkte an, um eine möglichst realistische Darstellung der unterschiedlichen Grasarten zu ermöglichen. Oft kann man zwischen Wiesengras, Wildgras, Savannengras, Waldboden, Moorboden, Frühlingsgras, Sommergras und so weiter wählen. Wer seine Wiesen noch individueller gestalten möchte, kann die Grasfläche nach dem Anbringen der Matte noch mit Streugras nachbehandeln. Auch mit einer vorsichtigen Anwendung von Geländebau-Spray lassen sich fleckenweise Farbunterschiede erzeugen, was für ein realistischeres Bild sorgt.

Mit Grasmatten, wie diesen von Busch, lässt sich ohne viel Aufwand ein schnelles und überzeugendes Ergebnis erzielen

Grasmatten haben Vor- und Nachteile. Zu den Vorteilen zählen die einfache und schnelle Verwendbarkeit und der Umstand, dass die Fasern, wie beim echten Gras, nach oben stehen. Ein Nachteil ist, dass es beim Aneinanderfügen von Matten zu einer sichtbaren Naht kommen kann. Das kann man nicht überall mit Büschen kaschieren.

Produkt	Artikel-Nr.
Busch Sprühkleber	7000
Busch Selbstklebender Geländeteppich „quick fix“	7261
Busch Wildgras-Geländeteppich dunkelgrün	7210
NOCH Frühlingswiesen-Matte	00010
NOCH Sommerwiesen-Matte	00012
NOCH Almwiesen-Matte	00250
Heki decovlies Wiesengras mittelgrün	1591
Heki realistic Wildgras Frühlingsgras	1841
Busch Geländebau-Spray, erdbraun	7006

Das Begrasungsgerät ist eine Möglichkeit, authentisch wirkende Wiesen zu erzeugen

Streugras

Eine zweite Methode zur Begrünung der Anlage ist die Verwendung von Streugras. Dabei werden die Grasfasern direkt auf der Fläche verstreut. Der Untergrund wird auch bei dieser Methode vorher mit Kleber vorbehandelt, damit das Gras hält. Bei der Auffrischung oder Garnierung von Altanlagen ist eine Verwendung von Kleber jedoch nicht unbedingt nötig, da sich das Material mit dem Untergrund verzahnt und so eine Fixierung entsteht.
Das Streumaterial kann auch in diesem Fall von mehreren Herstellern für Modellbahnzubehör bezogen werden. Ein Vorteil von Streugras ist,

In der Gebirgslandschaft sorgen Büsche für Abwechslung auf den Grasflächen

dass man es mischen kann. So kann man Wiesengras mit Wildgras vermengen oder verschiedene Farben miteinander kombinieren. Es kann auch beispielsweise eine Fläche mit Wiesengras als Grundlage dienen und mit kleinen Büscheln Wildgras durchsetzt werden. Den individuellen Gestaltungsmöglichkeiten sind hier kaum Grenzen gesetzt.
Beim Verstreuen des Materials kommt der große Nachteil von Streugras zum Tragen. Wenn man es mit der Hand oder einem Sieb auf die Oberfläche streut, bleiben die Halme liegen, was aber zu keinem realistischen Ergebnis führt. Manche benutzen deshalb Sprühflaschen, um die Fasern sozusagen in den Leim zu spritzen. Aber auch mit dieser Methode ist das Ergebnis nicht optimal. Einige Hersteller haben als Lösung deshalb elektrostatische Begrasungsgeräte entwickelt. Dazu gehört der Gras-Master von NOCH.

Bei der Arbeit mit dem Begrasungsgerät wird die zu begrasende Fläche wie bei den anderen Methoden mit Kleber eingestrichen. Der Grasbehälter des Geräts kann mit verschiedenen Arten von Grasfasern befüllt werden. Anschließend wird der Gegenpol knapp neben der zukünftigen Grasfläche angeschlossen. Der Rest verläuft ohne großen Aufwand. Der Gras-Master wird etwa zehn Zentimeter oberhalb der eingeleimten Fläche gehalten und leicht geschüttelt. Die Grasfasern fallen nun auf die Fläche, bleiben aber wegen des elektrostatischen Felds senkrecht stehen.
Geräte wie der Gras-Master sind zwar nicht ganz billig, aber das Ergebnis ist überzeugend. Wem die Anschaffungskosten zu hoch sind, dem bieten manche Fachhändler an, ein Begrasungsgerät auszuleihen. Manche Tüftler haben sich selbst ein elektrisches Gerät für diesen Zweck gebaut, aber allen, die nicht genau wissen, was dabei zu tun ist, kann davon nur abgeraten werden.

Produkt	Artikel-Nr.
NOCH Wildgras, dunkelgrün	07106
NOCH Sommerwiesen-Gras	08310
Busch Wildgrasfasern	7370
NOCH Gras-Master	60131

Blumenwiesen

Die Jahreszeiten unterscheiden sich nicht nur in Hinsicht auf das Wetter und die Temperatur, sondern auch durch ihre Farben. Besonders das Frühjahr zeichnet sich durch seinen Farbenreichtum aus, was neben den blühenden Bäumen auch auf die Blumenwiesen zurückzuführen ist.

Die Blütenflora lässt sich auf zweifache Weise erzeugen. Unbehandelte Flächen können, wie oben beschrieben, mit bereits passenden Grasfasermischungen versehen werden. Die Firma NOCH bietet beispielsweise ein Frühlingswiesen-Gras an, das von Hand oder mit einem Begrasungsgerät aufgetragen wird.

Die Blütenpracht macht die Anlage farbiger und lässt sie belebter wirken

Die Blumen müssen nicht mit dem Gras verstreut werden, sie können auch einzeln gepflanzt werden

Bäume, Sträucher und anderes Gewächs sorgen für Abwechslung

Wer seine Frühlingswiese individuell gestalten möchte, kann zuerst eine normale Grasfläche schaffen und sie dann farblich anpassen. Zu diesem Zweck stellen mehrere Hersteller Streupulver zur Verfügung. Die Blütenflora von NOCH enthält Pulver in vier Farben, mit denen Löwenzahn, Mohn, Heideblumen und andere Blüten nachgebildet werden können.
Wer seine Frühlingslandschaft möglichst realistisch gestalten möchte, sollte darauf achten, dass sich die Wiesen abhängig von ihrer Lage farblich unterscheiden. Die intensiv gedüngten Wiesen färben sich mit Löwenzahn gelb, während auf weniger nährstoffreichen Weiden Gänseblümchen, Arnika und Glockenblumen blühen. An Waldrändern wachsen Schlüsselblumen und entlang von Bächen kann man Sumpfdotterblumen finden.

Produkt	Artikel-Nr.
NOCH Blütenflora	07170
Heki Streupulver Blumen	7300
Busch Streupulver Blumen	7055
NOCH Frühlingswiesen-Gras	08300
NOCH Blumenwiesen-Matte	00270
Vollmer Blumenwiese	5126

Bäume und Sträucher

Zum Aufforsten der Anlage gibt es ein sehr großes Angebot an fertigen Bäumen verschiedener Hersteller. Busch bietet zum Beispiel Hochstammfichten, die einen langen Stamm und oben eine Krone besitzen, und normale Fichten, die bis nach unten mit grünen Nadeln versehen sind. Mit einer geschickten Zusammenstellung der verschiedenen Baumausführungen kann man einen realistischen Wald schaffen.

1

Der Naturbaum von NOCH wird zuerst mit Sprühkleber behandelt

2

Als nächster Schritt kann der Baum beflockt werden

Fertig ist der individualisierte Baum

Ein Nachteil der industriellen Fertigung ist jedoch der Umstand, dass es nicht möglich ist, individuell unterschiedliche Bäume herzustellen. In der Natur findet man aber selbst in den Fichten-Monokulturen kaum einen Baum, der einem anderen völlig gleicht. Manche Hersteller sind deshalb dazu übergegangen, es dem Landschaftsgestalter zu überlassen, den Bäumen den letzten Schliff zu geben. Die Firma NOCH bietet zu diesem Zweck Baumrohlinge an, die individuell gestaltet werden können. Das Geäst der Bäume wird zuerst mit einem Sprühkleber behandelt, dann kann das Laub, von dem verschiedene Varianten erhältlich sind, darüber gestreut werden.

Eine andere Möglichkeit der Individualisierung der Bäume besteht darin, mit der Schere einige Äste zu entfernen und die bleibenden unter Umständen mit mehr Laub zu versehen.

Produkt	Artikel-Nr.
Busch Hochstammfichten	6137
Busch Fichten	6131
Busch Islandmoos und Zierkork	7101
NOCH Sprühkleber „Haftfix“	61150
NOCH Naturbäume	23240
NOCH Classic Flock	7304,07

Die Bäume kann man farblich an das anpassen, was man darstellen möchte

Idealerweise sollten keine zwei Bäume genau gleich sein

Die bäuerliche Landschaft

Bei der Gestaltung des ländlichen Raums möchte man meist besondere Merkmale hervorheben. Dazu gehört auch die bäuerliche Struktur, die zwar heute nicht mehr so selbstverständlich ist, früher aber das Landleben bestimmte. Neben landwirtschaftlich geprägten Dörfern gehören dazu entsprechende Fahrzeuge und Maschinen sowie Wiesen, Äcker und Feldwege.
Den individuellen Vorstellungen Ausdruck zu verleihen, sind auf diesem Gebiet keine Grenzen gesetzt. Der Modellbahner sollte sich bei der Landschaftsgestaltung jedoch nicht dazu verleiten lassen, Merkmale unterschiedlicher Zeiträume und Jahreszeiten durcheinanderzuwürfeln. Die bäuerliche Landschaft hat im Laufe der Zeit einen gravierenden Wandel erlebt. Beispielsweise war die Landschaft vor der Flurbereinigung, die in manchen Regionen schon in den fünfziger Jahren einsetzte, noch durch kleinere Äcker und Wiesen geprägt. Die einzelnen Grundstücke waren häufiger durch Feldraine getrennt, die einen Überlebensraum für Pflanzen und kleine Tiere boten. Die Feldwege hatten bis zur Flurbereinigung fast ausschließlich Mittelbewuchs.

Ein seltener Anblick: Ein Deutz-Traktor und ein Pferdefuhrwerk

In früheren Zeiten wurde auf dem Feld noch viel mit der Hand gearbeitet

Technische Veränderungen in der Landwirtschaft

1920er Jahre: Die ersten Traktoren tauchen auf großen Gütern auf.

1930er Jahre: Traktoren finden vor allem auf Gütern und großen landwirtschaftlichen Betrieben eine wachsende Verbreitung (beispielsweise Lanz-Bulldogs). Auch von Traktoren gezogene Mähdrescher verbreiten sich langsam.

1950er Jahre: Dies ist die Zeit der Bauernschlepper und der Mechanisierung auch kleiner Bauernhöfe. Die Pferde verschwinden von den Höfen. Gezogene und selbstfahrende Mähdrescher werden auch auf kleineren Betrieben eingesetzt.

1960er Jahre: Die gezogene Quaderballenpresse setzt sich langsam durch.

1970er Jahre: Rundballenpressen tauchen auf und damit auch das zu Ballen gepresste Stroh auf den Feldern. Die ersten selbstfahrenden Feldhäcksler werden für die Maisernte eingesetzt.

1990er Jahre: Gras- und andere Futterpflanzen werden oft zu Ballen gepresst und zu Silage-Zwecken in PVC-Folie gewickelt.

Das Dorf

Dank verschiedener Hersteller stehen zahlreiche Gebäude zur Auswahl, mit denen man ein Dorf aufbauen kann. Allerdings sollte man dabei auf einige Punkte achten.

Dass man die Kirche im Dorf lassen soll, gilt auch für den Modellbahner. Kein Dorf ist ohne eine Kirche zu denken – und gleich daneben befindet sich das Gasthaus. Vor allem, wenn man ein Dorf einer früheren Epoche darstellen möchte, sind durchaus zwei Wirtschaften in einem Dorf realistisch. Als Handwerker gab es einen Schmied und einen Schreiner. Eingekauft wurde beim Krämer. Der Rest war vor allem landwirtschaftlich geprägt.

Ackerbau

Wie weiter oben schon dargestellt, lassen sich Wiesen schnell und ohne viel Aufwand gestalten. Noch einfacher verhält es sich bei unbebauten Feldern. Die Ausgangssituation ist die mit Gips eingestrichene Oberfläche der Anlage. Falls man einen Acker mit Furchen haben möchte, kann man in der Oberfläche mit einem harten, spitzen Gegenstand, wie etwa einem Schraubenzieher, Rillen einritzen. Als nächster Schritt wird das zukünftige Feld mit einem braunen Leim bestrichen. Danach wird das natürlichste Material für diesen Zweck, nämlich Erde aus dem Garten oder vom Feld, aufgestreut. Sobald der Leim fest geworden ist, kann man die überflüssige Erde mit dem Staubsauger entfernen.

Bei einer Variante dieser Methode wird eine Wellpappe verwendet, um sich das Einritzen der Furchen im Gips zu ersparen. Die oberste Schicht der Pappe wird abgezogen, so dass man eine gewellte Oberfläche hat. Anschließend wird das Material auf die Gipsfläche geklebt. Wie bei der vorhergehenden Variante beschrieben, wird nun die Wellpappe mit braunem Leim bestrichen und anschließend mit Erde bestreut. Die überflüssige Erde kann zum Schluss abgesaugt werden.

Erheblich einfacher und ohne großen finanziellen Aufwand geht es mit den fertigen Ackerflächen, die von mehreren Herstellern bezogen werden

Eine Kirche gehört genauso wie ein Gasthaus in jedes Dorf

Produkt	Artikel-Nr.
Busch Acker mit Furchen	7182
Auhagen Kartoffelacker fein, Ackerfläche	76942

können. Diese Matten können mit Scheren oder Messern zugeschnitten oder mit der Hand in passende Stücke gerissen werden. Sie werden mit Leim auf dem Untergrund festgeklebt.
Abhängig von der Jahreszeit, die man auf seiner Anlage darstellen möchte, können die Felder noch frei von pflanzlichem Wuchs oder bereits mit Getreide, Mais, Kartoffeln und anderen Nutzpflanzen bedeckt sein. Mittlerweile sind im Handel Produkte für die Darstellung aller möglichen Arten von Feldfrüchten erhältlich.
Dazu gehören Sonnenblumen, die auf einer Grundplatte befestigt werden. Getreidefelder sind von der Firma Busch in Form von Gerste und Weizen erhältlich. Die einzelnen Halme sind mit kleinen Blättern und verdickten Spitzen, den Ähren, versehen.
Wer gemähtes Getreide darstellen möchte, kann Streufasern verwenden, beispielsweise die extralangen Kornfeld-Fasern von Busch. Falls man für seine Anlage eine frühe Epoche gewählt hat, wird man Figuren mit Sensen auf das Feld stellen wollen. Das gemähte Getreide wird zu Garben gebunden, was man in der Miniaturform mit Bindfaden machen kann. Hat man sich eine neuere Epoche gewählt, kommen schon Mähdrescher und Ballenpressen zum Einsatz. Sowohl Quader- als auch Rundballen sind im Fachhandel für Modellbau erhältlich. Für eine realistische Darstellung sollte man darauf achten, dass die Rundballen nicht kreuz und quer auf dem Feld liegen, da sie ein erhebliches Gewicht haben und zu schwer sind, um auf die Seite zu fallen. Auch die großen Quaderballen können ein Gewicht von bis zu einer Tonne erreichen.

Produkt	Artikel-Nr.
Busch Sonnenblumenfeld	6003
Busch Gerste	1216
Busch Weizenfeld	1204
Busch Kornfeld	7372

Eine sehr gut gemachte Ernteszene mit Mähdrescher

Beim Traktor sollte man darauf achten, dass er nicht zu sauber wirkt

Weinberge, Obst- und Hopfenplantagen

Der Herbst ist die Jahreszeit, in der zahlreiche Früchte geerntet werden. Je nach Region findet die Weinlese, die Obst- oder, schon etwas früher, die Hopfenernte statt.

Wer sich auf seiner Anlage einen eigenen Weinberg pflanzen möchte, kann dies schnell und ohne viel Aufwand mit den Weinstöcken von Busch erreichen.

Jeder der Weinstöcke setzt sich aus einem Geäst mit Traubenrispen und über hundert Blättern zusammen. Zur Ausstattung gehören kleine Metallstifte, die in die Löcher in den ebenfalls mitgelieferten Grundplatten eingeschlagen werden.

Als Nächstes werden die Grundplatten auf dem Untergrund mit Leim befestigt. Damit die Platten nicht sichtbar sind, wird der Boden mit Erde bestreut. Schließlich werden die Blätter und die Reben wie in der Bauanleitung beschrieben aufgesteckt. Optional kann man die Einzelteile vorher noch färben, um den gewünschten Farbton zu erzielen.

Ein Hopfengarten kann mit dem Zubehör von Busch leicht erstellt werden

Produkt	Artikel-Nr.
Busch Weinreben	1200
Busch Hopfen	1215

Wer eher zum Hopfenanbau als zur Weinlese neigt, kann die benötigten Pflanzen ebenfalls von Busch beziehen. Jede Hopfenpflanze ist mit annähernd 400 Blättern und ungefähr 60 Blütendolden ausgestattet. Die nötigen Stangen und Abspannungen werden mitgeliefert, um einen realistischen Hopfengarten zu kreieren.

Obstbäume lassen sich auch auf der Wiese pflanzen

Wege, Straßen und Plätze

Selbst auf einer Modellbahnanlage bewegt sich nicht alles auf Gleisen. Die Straßen spielen inzwischen eine fast ebenso wichtige Rolle wie die Schienen. Vor allem seit es das Car-System von Faller gibt, gehören die fahrenden Miniatur-Autos zu den Bestandteilen einer Anlage, die nach der Eisenbahn am meisten Interesse erregen.

Eine belebte Straße und Parkplätze gehören in die Nähe des Bahnhofs

Straßen und Wege sollten vor dem Bau gründlich geplant werden und einen logischen Zweck erfüllen. Darüber hinaus sollte man darauf achten, dass sie zur dargestellten Epoche passen, denn auch Straßen haben sich im Laufe der Zeit verändert. Hohlwege, die sich im Laufe der Jahrhunderte durch Benutzung und Regenwasser in die Landschaft gegraben haben, waren in früheren Zeiten häufiger und galten noch nicht als Bodendenkmäler. Wie weiter oben schon erläutert, waren Feldwege vor der Flurbereinigung noch nicht so ausgebaut wie heute.
Der Untergrund eines Feldwegs wird mit einer Geländespachtelmasse erzeugt. Bevor die Masse fest wird, können die Spurrillen geformt werden. Die richtige Spurbreite lässt sich leicht anhand eines Traktors oder eines Fuhrwerks, das man darauf fahren lassen möchte, ermitteln. Als Nächstes kann der Fahrweg mit einer Mischung aus Farbe und Leim eingestrichen werden. Bevor die Trocknung erfolgt, werden Sand oder Gleisschotter aufgestreut. Damit das Material für die Fahrspuren hält, wird es anschließend noch einmal mit einem dünnen Gemisch aus Leim und Wasser behandelt. Anschließend werden die beiden Ränder des Fahrwegs mit Leim bestrichen. Dann erfolgt das Aufstreuen des Grases. Falls der Feldweg einen grünen Mittelstreifen haben soll, wird auch dort Gras gestreut. Zum Schluss kann das überflüssige Material abgesaugt werden.

Aber auch hier geht es einfacher, denn manche Hersteller von Modellbahnzubehör bieten Produkte an, um ein schnelles und gut aussehendes Ergebnis zu erzielen. Ein Beispiel dafür ist der Feldweg von NOCH für die Nenngröße Ho.
Der Bau von asphaltierten Straßen geht mit den Produkten einzelner Hersteller ebenfalls problemlos vor sich. Beim Fachhändler sind Rollen aus Straßen-Krepp für Landstraßen, Bundesstraßen, Autobahnen und schwarze Teerstraßen erhältlich. Der Straßen-Krepp kann an den für die Straßen vorgesehenen Trassen ausgerollt werden. Da er selbstklebend ist, kann auf die Verwendung von Leim verzichtet werden. Jede Krepp-Straße besteht aus zwei Rollen, von denen jeweils eine mit einer durchgezogenen und einer unterbrochenen Mittellinie versehen ist. Falls man eine Straße mit

Feldwege haben oft einen grünen Mittelstreifen

Man kann auch den Bau einer Straße darstellen

Dies ist eine Straße mit dörflichem Charakter

einer unterbrochenen Mittellinie erstellen möchte, wird zuerst der Streifen mit der durchgezogenen Linie verlegt, anschließend wird nebenan der Streifen mit der unterbrochenen Linie leicht überlappend angeklebt, so dass die durchgezogene Linie verdeckt ist. Man kann die beiden Linienarten sich auch abwechseln lassen, indem man die Überlappung nach einem kleinen Schnitt in der Bahn ändert.
Ein paar Arbeitsschritte mehr erfordert das Anlegen von Kurven. Zwar gibt es auch für diese Aufgabe schon spezielle Straßenfolien mit Kurven, aber um den geplanten Radius zu erreichen, muss die Folie in mehrere Segmente zerschnitten werden. Anschließend können die Einzelteile mithilfe einer Schablone, die den Produkten oft beiliegt, miteinander kombiniert werden, um als Ergebnis die gewünschte Kurve zu bekommen. Auf diese Weise kann sogar ein Kreisverkehr geschaffen werden.

Bei den Straßen wird normalerweise zwischen inner- und außerörtlichen unterschieden. Die innerörtlichen werden meist von Geh- und manchmal auch von Radwegen gesäumt, wofür ebenfalls bereits Produkte verschiedener Hersteller zur Verfügung stehen. In historischen Innenstädten sind Plätze und manche Straßen oft gepflastert. Auch dies lässt sich mit Matten, die mit dem Muster von Kopfsteinpflastern versehen sind, leicht nachbilden. Straßenmarkierungen, wie Zebrastreifen, Richtungspfeile und andere Fahrbahnmarkierungen, lassen sich als Anreibesymbole, die beispielsweise von Busch erhältlich sind, auf die staubfreien Flächen auftragen.

Bei außerörtlichen Straßen sind angrenzende Fußwege in der Regel nicht vorhanden. An die Straße schließt meist eine Wiese, ein Feld, ein Graben oder Ähnliches an. Um den Übergang zum

Straßen und Plätze lassen sich schnell mit Kopfsteinpflastermatten, wie dieser von Vollmer, pflastern

Eine städtische Straße mit Gehsteigen

Gelände zu schaffen, kann man die Straßenränder mit einem Kleber leicht einpinseln. Danach werden die behandelten Stellen mit Sand, Gras oder einem anderen passenden Streumaterial bestreut.

In der Realität schauen die meisten Straßen nicht mehr wie am ersten Tag aus, sondern sind mit Fahrspuren überzogen. Dies lässt sich in der Miniaturversion ebenfalls nachbilden. Zu diesem Zweck kann man eine dunkle Pulverfarbe oder Pastellkreide auf die Fahrbahn, beispielsweise mit einem Wattestäbchen, an manchen Stellen leicht aufgetragen. Anschließend wird die Farbe mit einem Pinsel oder dem Finger in Fahrtrichtung verteilt. Es lassen sich damit auch Bremsspuren darstellen.

In früheren Zeiten gab es noch nicht die Trennung vom Fahr- und Fußgängerbereich

Produkt	**Artikel-Nr.**
NOCH Feldweg	60480
NOCH Straßen-Krepp	60410, 60470, 60490, 60500
NOCH Asphalt Universalkurve	60701,61
Vollmer Asphaltstraßenfolie	6020 und 7356
Busch Straßenmarkierungen	7196
Vollmer Dekorplatte	6023
Vollmer Kopfsteinpflaster	6053

Horizonte

Der Hintergrund ist ein wichtiges Element einer Anlage. Wenn der Blick über die Landschaft schweift, sollte er am hinteren Ende nicht auf eine Wand treffen, sondern auf einen Horizont, der den Eindruck von Räumlichkeit vermittelt. Dabei muss es sich nicht um einen blauen Himmel handeln. Es können auch Berge, Wälder oder Gebäude als Hintergrund dienen. Idealerweise sollte die Landschaft in den Horizont übergehen.
Aber Malen ist nicht jedermanns Sache, und selbst dort, wo sich der Modellbahner an die Aufgabe heranwagte, ist das Ergebnis nicht immer gelungen. Die Firma Busch bietet deshalb mehrere CD-ROMs mit Hintergründen für die Modellbahnanlage an. Zu den Motiven gehören Gebäude, Burgteile, Industrieanlagen, Bäume und verschiedene Horizonte mit Himmel. Es gibt auch CDs mit Sammlungen von Alpenpanoramen, typisch norddeutschen und niederländischen Motiven. Die Bilder sind in den Formaten PSD und JPEG abgespeichert. Zum Anschauen der Bilder liefert Busch auf den CDs das Bildbetrachtungsprogramm JPegger mit. Um einen fertigen Horizont zu bekommen, ist jedoch die Arbeit mit einem Bildbearbeitungsprogramm nötig, denn das Bild, das letztendlich als Hintergrund der Anlage dienen soll, wird aus mehreren Elementen zusammengesetzt. Beispiele und eine genaue Anleitung befinden sich auf den CDs.
Das fertige Hintergrundbild kann auf verschiedene Maßstäbe angepasst und ausgedruckt werden. Alternativ dazu gibt es von einigen Anbietern fertige, mehrteilige Hintergründe, beispielsweise von Vollmer. Als Untergrund für die Horizonte dient meistens eine Sperrholzplatte.

Wenn man das nötige Geschick besitzt, kann man einen Horizont selbst malen

Busch CD-ROM „Hintergründe für Modellbahnanlagen“	2870
Busch CD-ROM „Hintergründe Norddeutschland“	2867
Busch CD-ROM „Hintergründe Alpen“	2868
Busch CD-ROM „Hintergründe Holland“	2869

Bildbearbeitungsprogramme

Adobe Photoshop	Windows, Mac	professionelles Bildbearbeitungsprogramm, sehr teuer
Adobe Photoshop Elements	Windows, Mac	Photoshop-Version für den Privatgebrauch, relativ preiswert
Corel Paint Shop Pro	Windows	relativ preiswert
Paint.NET	Windows	kostenlos
GIMP	Linux, Windows	leistungsstarkes Bildbearbeitungsprogramm, kostenlos

Figuren und Fahrzeuge

Modellbahngestalten

Sicher, die Züge sind das Wichtigste, doch was wäre heute die Modellbahn ohne die vielen kleinen Figuren, die man auf den Anlagen entdecken kann? Auch der begeistertste Modellbahnfreund muss zugeben, dass die Zeiten, wo jeder Junge mit der Eisenbahn spielen wollte, vorbei sind. So werden für das breite Publikum, den Freundeskreis oder die Verwandten andere Aspekte einer Modellbahnanlage oft spannender als die neu gekaufte „Rheingold"-Garnitur oder die grüne 3/6. Und wir wollen sie nicht enttäuschen!

Das Reisen mit der Bahn war schon in frühester Zeit Ziel zahlreicher Karikaturen. Was kann nicht alles schiefgehen? Man stolpert über einen Koffer, der Zug fährt einem vor der Nase davon, einer Dame fliegt der teure Hut vom Kopf – was sind das alles nicht für herrliche Szenen, die man mit den passenden Figuren auf dem eigenen Modellbahnhof darstellen kann! Doch auf dem Bahnsteig spielen sich auch Abschiedsszenen ab: Küsse, Taschentücher, winkende Hände. Der Modellbahner ist hier eine Art Regisseur, der seine Figuren so aufstellt, dass daraus eine interessante Geschichte entstehen kann.

Bahnsteigabschied in der Karikatur

Bunte Biergartenszene sogar mit Grillwürsten

Gleisbauarbeiter schleppen eine Schiene

Vor allem außerhalb des Bahnhofs sind der Phantasie keine Grenzen gesetzt. In der Landschaft kann man Tätigkeiten aus der Natur nachbilden, etwa einen Förster auf der Jagd, Waldarbeiter beim Baumfällen, Radfahrer auf einem Ausflug oder eine große Schafherde. In den Bergen können sich Wanderer tummeln, ganz oben auf dem Gletscher treffen sich Freunde des Skisports. Auch Szenen aus dem bäuerlichen Leben sind sehr attraktiv, denn sie beleben die Landschaft links und rechts des Schienenstrangs. Die Feldarbeit kann sehr vielfältig sein und geschieht mit verschiedenen Fahrzeugen oder in früheren Epochen mit Fuhrwerken.

Ein Landgasthof mit Freiluftbewirtung ist ein hübsches Modellbahnmotiv

In der Stadt sind andere Freizeitvergnügen geboten. Häufig sieht man Volksfeste, die inzwischen schon mit hunderten von Figuren belebt sein können. Wenn es heiß ist, kann man in einen Biergarten gehen. Eventuell trifft man dort zwei Trinker, die sich eifrig zuprosten. Die gehören zur „Bewegten Welt“, einer faszinierenden Idee von Viessmann. Wem es aber sogar unter den Kastanien noch zu heiß ist, der sorgt für Erfrischung vielleicht am besten unten am Fluss, wo sich viele Badende eine verdiente Pause gönnen. Auch Nudisten sind darunter, wie überhaupt in den letzten Jahren Hersteller ihre zurückhaltende Art verloren haben.

Auf vielen Anlagen bleiben auch kleine und große Tragödien nicht aus. Unfälle – sei es im Straßenverkehr oder ein Sturz von der Brücke – reizen die Schaffenskraft vieler Anlagenbastler. So wird der Modellbahner, der nicht in den Verdacht geraten will, er stelle eine heile Welt dar, sich auch mit den dunklen Seiten des Lebens beschäftigen.

Wie viel angenehmer ist da doch die Darstellung einer der liebsten Tätigkeiten der meisten Menschen: das Speisen. Doch Essen ist nicht gleich Essen. Hier gibt es zum Teil gravierende Unterschiede. So gehen die einen in ein schickes Restaurant, anderen genügt eine Tasse Kaffee – mit Kuchen, bei vielen ist aber immer noch die gemütliche alte Imbissbude das Ziel aller kulinarischen Träume.

Auch auf der Terrasse ist's gemütlich

Für jeden, der eine Anlage lebhafter gestalten will, ist gerade das ein interessantes Motiv, denn während der Restaurantbesucher in einem nicht einsehbaren Saal verschwindet, gruppieren sich die Fans der Currywurst im Freien, so dass man sie gut beobachten kann.

Was ist nun wichtig, wenn man seine Modellbahnanlage beleben will? Man muss ein guter Beobachter sein und am besten immer einen Stift und ein Notizbüchlein mitführen, um sich Szenen zu notieren, die man vielleicht in seine Nenngröße umsetzen kann. Die gekauften kleinen Männlein und Weiblein sollten zur Epoche passen, die man auf seiner Platte abbilden will. Doch ist manchmal ein Stilbruch oder eine kleine Provokation ein echter Hingucker. So hat Busch mit seinen Modellen und Figuren aus dem Rotlichtmilieu oder mit der Landung eines Ufos Produkte auf den Markt gebracht, mit denen die einen gar nichts anfangen können, andere wiederum total begeistert sind.
Das Angebot an verschiedensten Figuren steigt jährlich an, so dass man sich beim Fachhändler oder über die Herstellerkataloge gebeugt tolle Ideen für noch mehr menschliche und allzu menschliche Szenen holen kann.

Autos

Die Auswahl an Fahrzeugen, mit denen man die Straßen der Dioramen und Modellbahnanlagen bevölkern kann, ist fast unbegrenzt. Pkw, Lastwagen, Feuerwehrautos, Traktoren, Fuhrwerke und andere fahrbare Untersätze lassen sich für alle Epochen und in vielen Maßstäben kaufen. Dieser Umstand ermöglicht es, den Reiz der Anlage zu vergrößern: Auf den Feldern arbeiten Traktoren mit Landmaschinen, an einer Kreuzung stauen sich die Autos, Lieferwagen transportieren Waren zu den Läden oder Fabriken, die Müllabfuhr leert die Mülltonnen, ein Bus bringt Fahrgäste ans Ziel, am Rand der Straße flitzen Fahr- und Motorräder.

Die Hersteller von Zubehör bieten inzwischen vom Trabi bis zum Audi Cabrio alles an, was das Herz begehrt. Für jede Epoche ist gut gesorgt

Gebäude

Zwar halten sich viele Menschen gerne im Freien auf, wenn die Sonne scheint, doch die meiste Zeit verbringen sie in Gebäuden. Nicht nur zur Abwechslung in der frisch gestalteten Modelllandschaft sind Häuser ideal, sondern sie schaffen auch ein Gutteil der besonderen Atmosphäre einer Modellbahnanlage. Genauso wie man Loks supern kann, also das gekaufte Modell mit Farben und Zubehör aufpeppt und realistisch aufwertet, ist es selbstverständlich auch möglich, bei Gebäuden Verbesserungen vorzunehmen. Eine ganz einfache Möglichkeit, kahle Wände zu bedecken oder Gebäude einem anderen Zweck zuzuführen, bietet die heutige EDV. Will man zum Beispiel ein Postamt der Epoche II haben, dann entscheidet man sich zunächst für ein Gebäude. Dann sucht man sich in Büchern oder im Internet das betreffende Logo oder Schild. Das speichert man ab und kopiert es in eine Datei. Jetzt kann man es auf die maßstabsgerechte Größe skalieren. Mit einem Farbdrucker auf ein Etikettenpapier zum Selbstkleben oder auf ein etwas schwereres Papier zur

Feinkost bekommt man in diesem Gründerzeithaus

Repräsentatives Hotelgebäude im alpinen Stil

Buschs Fugenpaste für eine perfekte Mauer

Verwendung mit Klebstoff kann man sich nicht nur ein neues Postgebäude leisten, sondern auch Werbeplakate oder ein Innenleben für Häuschen selber gestalten und ausdrucken. Als Zubehör gibt es viele Farben und Materialien, mit denen man seine Modelle verschönern kann. So vertreibt Busch eine Fugenpaste, mit der man sehr detaillierte Mauern herstellen kann. Bei der Fülle der angebotenen Hilfsmittel ist es fast nicht mehr möglich, den kompletten Überblick zu bewahren.

Auf dem Land

Bauernhöfe

Verschiedene Epochen und unterschiedliche Regionen können auf dem Land nicht nur durch die eingesetzten Traktormarken definiert werden, sondern werden auch an der Form der Höfe und dem Charakter der Bewohner erkennbar. In den frühen Epochen I und II findet man nicht nur sehr viele romantisch anmutende Bauernhäuser. Diese Zeit zeichnet sich auch durch die starke Nutzung von Tieren aus, sei es am Pflug, beim Transport und in den Ställen. Die Landarbeiter waren vor allem mit Sensen und Heugabeln am Werk. Geteerte Wege gab es vielerorts erst in den sechziger Jahren. Moderne Bauernhöfe zeichnen sich nicht nur durch neue Fahrzeugtypen aus, sondern sie besitzen meist auch einen neuen großen Stadel, auf den Dächern findet man Solaranlagen, Fensterläden sind längst abgenommen und durch Rollläden ersetzt worden.

Wer auf seiner Anlage einen Weinberg nachbildet, ein sehr beliebtes Motiv übrigens, der muss auch in der Nähe ein Weingut aufstellen. Besondere Kennzeichen sind Fässer im Hof oder auf Wagen oder Schmalspurtraktoren.

Schöner Bauernhof um 1900

Auf dem Land findet man heute viele Neubaugebiete

Ein Stall gehört zu jedem Bauernhof

Ställe und Schmieden

Ein Beruf, bei dem man den Wandel in den verschiedenen Epochen sehr gut nachvollziehen kann, ist der des Schmieds. Im neunzehnten Jahrhundert war er ein echter Dorfmittelpunkt. Er hatte die Zugtiere zu beschlagen, musste Landmaschinen und Kutschen reparieren. Ohne ihn wäre Landwirtschaft nicht möglich gewesen. Es gibt sehr schöne Modelle zu kaufen, in denen sogar beim Hämmern Funken sprühen. Ab der Epoche III wird der Schmied zunehmend auch mit der Reparatur von Traktoren und Autos befasst sein. Das ist für sein Überleben auch nötig, denn seine ursprünglichen Arbeiten wurden durch die technische Entwicklung immer weniger gefragt. Ab Epoche IV entwickelten sich immer mehr Schmieden zu Kfz-Werkstätten, Tankstellen oder Landmaschinenhändlern.

Ein sehr interessantes und einfach zu realisierendes Objekt auf einem Bauernhof ist ein offener Schweinestall im Freien. Besonders bis Epoche IV darf auch das Federvieh nicht fehlen, in der Mitte auf dem Misthaufen thronend der stolze Hahn. Misthaufen verschwanden übrigens in Epoche V von den meisten Höfen.

Kleine Fabriken gibt es auch auf dem Land

Schwein gehabt: im Freien

Eine Schmiede gehört in jedes Dorf

Ritterburgen sind ein alter Kindheitstraum

Burgen

Seit ein paar Jahren schon ist das Mittelalter wieder en vogue. Prächtige Burgen und pittoreske Ruinen thronen meist stolz auf einer Anhöhe, wo sie gut gesehen werden und von wo die damaligen Bewohner auf ihre Untertanen hinunterblicken konnten. Wie bei allen Gebäuden der Modellbahn gibt es drei Möglichkeiten, an eine solche Burg zu kommen. Die einfachste ist der Kauf eines der hervorragend gestalteten Modelle der verschiedenen Anbieter. Man macht da nichts falsch, aber es bleibt wenig Raum für eigene Kreativität. Die kann sich aber dann entfalten, wenn man daran geht, das gekaufte Modell umzubauen. Das geschieht durch einfaches Lackieren oder Bemalen nach Strukturen. Erfahrenere Bastler können auch durch Bauteile anderer Gebäude ein modifiziertes Modell gestalten.

Die bei weitem schwierigste, aber faszinierendste Art, ein Schloss zu errichten, ist die des kompletten Selbstbaus. Das abgebildete Objekt stellt die ersten Baustufen der Südtiroler Burg Juval dar, auf der der Bergsteiger Reinhold Messner sein Domizil errichtet hat. Man kann sehr schön die Technik eines erfahrenen Modellbauers erkennen, der die Dächer aus anderen Modellen und Zubehörteilen gestaltet, den Rest vor allem aus Holz aufbaut. Um die fertige Burg herum kann man viele Geschichten erzählen, ein historisches Fest mit Umzug gestalten, mit Buschs Burg Frankula die Vampire ins Boot holen oder einen majestätischen Abschluss der eigenen Anlage schaffen.

Nachbildung der Burg Juval im Bau

Über dem Bahngleis thront oft eine repräsentative Burg

Häuser im Gebirge

Das Gebirge ist kein unwirtlicher Raum, in dem der Mensch nicht leben kann. Das wäre auch schade, denn gerade auf der Modellbahn hat man viele Möglichkeiten, die man eifrig nutzen sollte. Das beginnt mit einem Bergbauernhof. Der steht auf einer Anhöhe oder in einem idyllischen Hochtal. Unter den Fenstern sind sehr oft Blumenkästen angebracht. Diese Gebäude erreicht man über Forst- und Betriebswege, eventuell fährt man an weidenden Kühen vorbei. Ähnlich groß und nicht gerade spartanisch ausgestattet sind die Jagdhäuser, die auch oft abseits vom Dorf stehen.

Je weiter die Bergsteiger nach oben kommen, desto schneller finden sie eine Einkehr, die meist in Form einer Berghütte mit erfrischenden Getränken und einer Brotzeit lockt. Im gesamten Berg, aber auch im Tal unten findet man kleine bis mittelgroße Scheunen für die Gerätschaften. Man kann mit Seilbahnen den Berg sehr leicht touristisch erschließen. Dann ist es nötig, besonders an der Bergstation Betriebsgebäude und ein Restaurant zu errichten, damit die Ausflügler ihren Spaß haben.

Ein stolzer Bauernhof aus dem Alpenland

Ein Jägerhaus kann auch abseits der Ortschaft stehen

Elektrizitätswerk mit Betriebsgebäuden

In der Stadt

Wohnhäuser

Sie schauen wunderschön aus, aber sie verbrauchen sehr viel Platz. Wer nur wenig Raum auf seiner Anlage zur Verfügung hat, sollte es sich zweimal überlegen, ob er wirklich eine Stadt mit mehrstöckigen Gründerzeithäusern und modernen Glaskonstruktionen braucht. Tut es nicht auch eine Fachwerk-Kleinstadt?

Sehr häufig wurden in der Nähe von Gleisanlagen Arbeitersiedlungen errichtet, in der Eisenbahner ihre Heimat fanden. Diese Gebäude sind heute natürlich in anderer Hand. In den meisten deutschen Städten begnügte man sich beim Wiederaufbau nach dem Krieg mit strengen Funktionsbauten, denen wenig Flair nachgesagt wird. Sie sind typisch für Epoche II bis V, haben in den letzten Jahren aber oft durch Luxussanierungen ein völlig anderes Aussehen erhalten.

Die Reichsbahnsiedlung Brandenburg-West

Stadthäuser verschiedener Epochen

Die Bausätze sind fein detailliert

Im alten Ortskern sieht man Historisches

Stadthäuser, Altstadt

Praktisch jede Stadt besitzt einen historischen Ortskern mit bemerkenswerten Sehenswürdigkeiten. Die Anlage eines solchen Zentrums ist schwieriger als man vermuten sollte, denn im Normalfall will man ein harmonisches Stadtbild erreichen. Am schönsten ist es, wenn ein paar besonders wichtige Gebäude, wie das Rathaus oder der Dom, auf dem Hauptplatz im Zentrum stehen. Schöner ist es, wenn die Häuser ein einheitliches Bild abgeben. Doch kann an Realismus gewonnen werden, wenn zum Beispiel eine Baulücke mit einem modernen Gebäude geschlossen wird.

Sehr attraktiv sind meist Fachwerkhaus-Straßen. Die wichtigsten Wege einer Stadt nach draußen werden von Stadttoren beschützt. Wer hier mehrere aufstellen will, kann bei Anbietern wie Vollmer oder Faller hervorragend gearbeitete Exemplare beziehen. Zuletzt ein Zuckerl für München-Freunde: Vollmer bietet eine Nachbildung des bekannten Rathauses an, auf dessen Balkon Bayern München schon so oft die Meisterschaft feierte.

Häuserzeile einer ostdeutschen Stadt

Rathaus einer süddeutschen Großstadt

Verschiedenste Baustile findet man oft nebeneinander

Bild links: Fachwerkhäuser und Stadttor-Romantik

Post, Polizei, Feuerwehr

Bis zur Motorisierung der Polizei war früher auch auf dem Land ein Polizist anzutreffen, der in einem größeren Dorf seine Wachstube unterhielt. Kleinstädte hatten bereits ein Revier. Das gilt auch heute noch, selbst wenn die verschiedenen Sparreformen die Zahl der Reviere ständig verringern. Da mit der Polizei viele Geschichten erzählt werden können, vom Verkehrsunfall bis zum Bankraub, ist die Errichtung einer Polizeistation empfehlenswert.

Ähnlich verhält es sich mit der Feuerwehr – nein, doch nicht ganz, denn auch heute ist sie auf dem Land noch eine wichtige Institution. Im Modell gibt es verschiedene Möglichkeiten, vom kleinen Fahrzeugschuppen mit Glockentürmchen bis zur modernen Großfeuerwehr, wie sie Busch mit seiner Schwenninger Feuerwehrstation anbietet.

Alte Kleinstadtfeuerwehr von Vollmer

Polizei und Rathaus in einem Gebäude

Ein modernes Feuerwehrgebäude der siebziger Jahre

Die Schwenninger Feuerwehrstation von Busch

Industrie und Handel

Fabriken

Mit zu den spektakulärsten Objekten der Modellbahn gehören die großen Industrieanlagen. Sie sind auch für den Spielbetrieb interessant, denn über ein Anschlussgleis sind sie meist mit den nationalen Bahnstrecken verbunden und es werden Rangierbetrieb und der Abtransport von Rohstoffen oder Fertiggütern ermöglicht. Viele Konzerne haben eine eigene Werksbahn, die mit Kleinlokomotiven Verteil-, Rangier- und weitere Logistikaufgaben erfüllt. Solche Fabriken sollten deshalb idealerweise in Bahnhofsnähe errichtet werden. Kleinere Industriebetriebe verlegt man an den Stadtrand. Sie werden meist mit Lkw versorgt und transportieren ihre Produkte auf diesem Weg auch ab.

Arbeitsfähiger Modellkran auf dem Schrottplatz

Ein attraktives Motiv kann ein Steinbruch sein, aus dem in Schüttgutwagen verbrachte Materialien wie Kies, Sand und Erde auf die Reise gehen. Ähnliches gilt für ein Sägewerk, das man am besten in Waldnähe ansiedelt. Hierher können auf Rungenwagen Langhölzer transportiert werden, wo sie dann zurechtgeschnitten werden.

Mit Phantasie, selbst hergestellten Materialien und perfekt gestalteten Fertigprodukten etwa von Ladegüter Bauer kann man einen realistischen Schrottplatz aufbauen.

Realistisches Schüttgut

Bild unten: Industriebetriebe verbrauchen viel Platz auf der Anlage

Geschäfte

Keine Stadt wirkt realistisch, wenn sie nicht eine größere Zahl an Ladengeschäften besitzt. Zum Glück hat der Modellbahner hier kein Problem, denn die Modellhäuslebauer stellen die verschiedensten Geschäfte her. Und wem das noch nicht genügt, der kann einen eigenen Weg gehen. Man muss sich nur ein Haus aussuchen, das man sich für seine Zwecke umgestaltet. Eine Schaufensterfront ist für verschiedene Branchen gut zu gebrauchen. Nun kann man zum Beispiel ein paar Figuren in Kleidern hineinstellen und im Computer ein Schild basteln, das ausgedruckt und an die Häuserwand geklebt wird: „Mode Meister", „Damenmoden Theuer" oder was man will. Man kann auch in der Innenstadt ein Schaufenster fotografieren, im Computer auf die Größe des Modellfensters bringen und ausdrucken. Das Bild kann nun von innen ans Fenster geklebt werden. Wer seine Frau häufiger bei der Anlage haben will, sollte sich dieses Gestaltungselement nicht entgehen lassen.

Opulente Motive sind solche, wo man wie in einer Gärtnerei mit eigenem Schaugarten viele Gestaltungselemente umsetzen kann, oder ein Biergarten, der von der Kellnerin bis zu den maßkrugstemmenden Biertrinkern aus Viessmanns bewegter Welt das bunte Treiben mit einer Vielzahl von Figuren darstellen kann.

Unvermeidlich sind jedenfalls ein Bäcker, die Metzgerei, ein Supermarkt oder Kaufladen. Echte Hingucker sind eine Discothek oder ein Hallenbad mit Fensterfronten, die den Einblick in diese Gebäude ermöglichen. Wenn sie dann bei einer Nachtfahrt hell erleuchtet sind, wird jeder Beobachter aufmerksam.

Ausflugswirtschaft vor Seekulisse

Auch Traktoren müssen repariert werden

Belebte Konditorei von Vollmer

Auch ein Metzger gehört in die Stadt

Eine Gärtnerei mit Park ist etwas für fortgeschrittene Landschaftsgestalter

Kultur

Kirchen und Denkmäler

In jedes Dorf gehört eine Kirche. Deshalb zählen diese Gebäude zu den wichtigsten Modellen. Man hat die Auswahl zwischen unterschiedlichen Größen und Baustilen. Überflüssig zu sagen, dass die moderne Stahlbetonkirche nicht in Epoche II passt. In vielen Dörfern steht die Kirche auf dem höchsten Platz des Ortes, daneben findet man meistens eine Gastwirtschaft. In Städten befinden sich Kirchen in der Regel an großen Plätzen oder an wichtigen Straßen. Gerade in Städten mit einem alten Stadtkern ist es nicht unüblich, dass mehrere Gotteshäuser in unmittelbarer Nähe stehen. Klöster waren in den meisten Städten gleich mehrere zu finden. In der Modellbahn wirkt ein Kloster jedoch sehr viel besser in der freien Natur, denn vor allem Zisterzienser und Benediktiner suchten gerne etwas abgelegene Täler aus, um sich dort niederzulassen.
In den Städten werden seit Jahrhunderten Denkmäler und Statuen aufgestellt. Um ein solches herauszuheben, kann man dem Vorbild folgen, denn vielfach stehen solche Denkmäler in einem schönen Park.

Diese hübsche Kirche gibt es im Sortiment von Vollmer

Das Hermannsdenkmal im Teutoburger Wald als Modell

Gärten und Höfe

Um Städte schöner zu machen, bietet es sich an, hinter den Häusern bunt angelegte Gärten oder in größeren Wohnanlagen Blumen, Bäume und einen Kinderspielplatz zu gestalten. Hier ist wichtig: Jeder Garten muss individuell zusammengestellt werden, denn keiner möchte den gleichen Garten haben wie seine Nachbarn. Die Hersteller von Modellbahnzubehör haben von verschiedenen Pflanzenarten über Gartenmöbel bis hin zu den passenden Bewohnern und Gartenarbeitern ein vielseitiges Programm. Sehr häufig findet man in Städten am Rand der Bahnstrecke Schrebergartenkolonien. Sie sind eine pfiffige Möglichkeit, einen Übergang zwischen Bahnhofsanlage und Wohnhäusern zu schaffen.

Schrebergarten mit Biertisch und Zelt

Ein nettes Ausflugsziel mit Biergarten

Eine Reihenhaussiedlung lässt viele Möglichkeiten individueller Gartengestaltung

Erfolgsschritte zum Kirchenbau

1
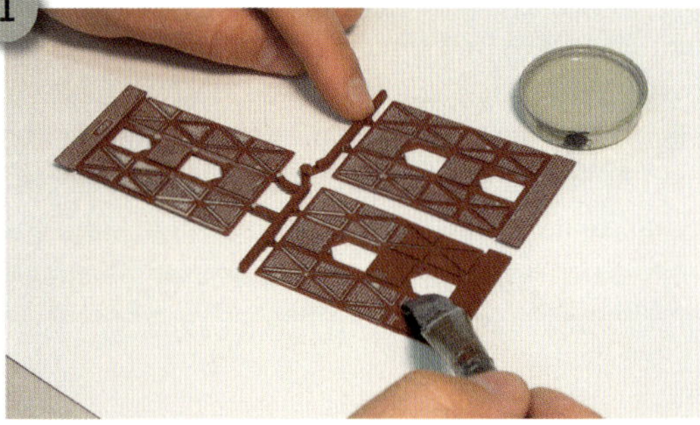

2
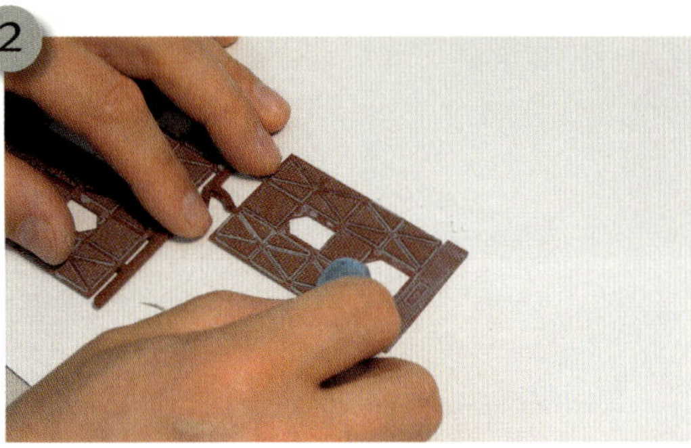

3

4

5
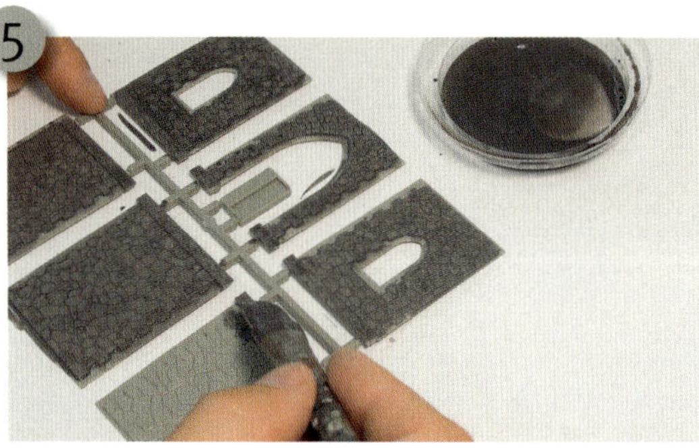

6
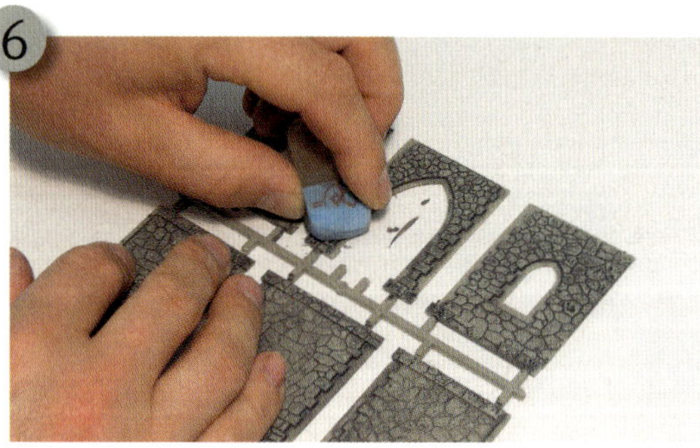

Die Bildfolge zeigt den Bau einer Dorfkirche von Auhagen und wie man das Modell verschönert sowie mit einer Beleuchtung versieht.

Die Kirche ist das Modell 11 405. (1) Der erste Schritt ist, die Fugen der Ziegelmauern des Kirchturms mit hellgrauer Farbe anzupinseln. (2) Man braucht nicht ganz exakt zu sein, denn wenn die Farbe getrocknet ist, kann das, was stört, einfach wegradiert werden. (3) Jetzt kann man das Fachwerk auf die Mauer kleben. Mit Klebstoff sollte man sehr sparsam umgehen, damit er nicht zwischen den Bauteilen herausquillt und überflüssige Reinigungsarbeiten nötig macht. (4) Die Feldsteinwände werden mit einem dunkleren Grau angemalt. (5) Wenn die Farbe getrocknet ist, kann man die Fugen mit dunklerer Farbe nacharbeiten. (6) Wieder kann man mit einem Radiergummi die Farbe entfernen, die man nicht haben will. (7) Was nun folgt, wird Graniereffekt genannt. Mit einer hellbräunlichen Farbe sollen die erhabenen

7

8

9

10

11

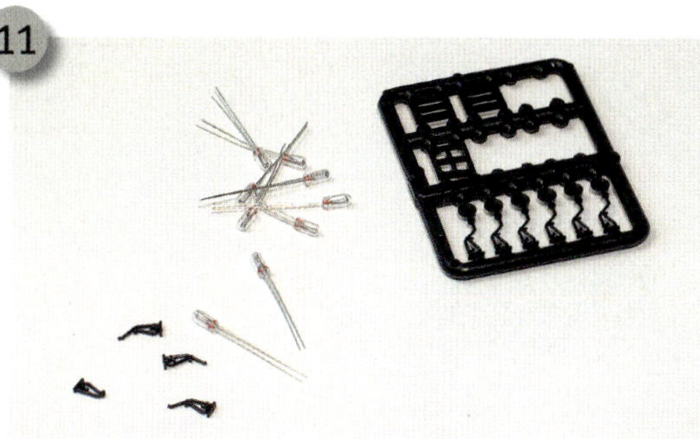

12

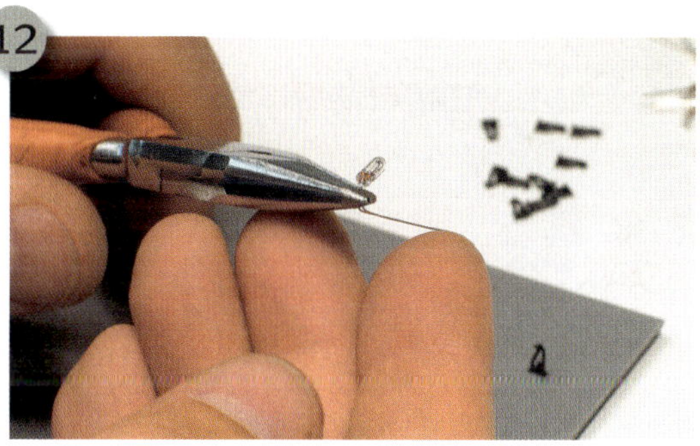

Steine erneut bestrichen werden. Allerdings wird der Pinsel so lange ausgestrichen, dass nur noch ein halbtrockener Farbrest in den Borsten bleibt. Dieser wird auf die Steine aufgetragen. (8) Hat man das mit einer weiteren Farbe wiederholt, kann man sich über eine realistische Tönung freuen. Jetzt kann man die Fensterrahmen aufkleben. (9) Die Glasscheiben werden von innen eingeklebt. (10) Wer innen einen schönen Fliesenboden haben will, besorgt sich die Dekorplatte Nr. 52 229 von Auhagen und schneidet sie mit Hilfe der mitgelieferten Anreißschablone zurecht. (11) Da eine Kirche nur mit beleuchteten Fenstern auf der Modellbahn richtig wirkt, kann man sie mit Mikroglühlampen der Artikelnummer 58 793 bestücken. (12) Die Drähte werden mit einer kleinen Zange gebogen. (13) Wenn man sie auf den im Bausatz enthaltenen Wandhaltern anbringt, muss man darauf achten, dass die Drähte an den beiden Seiten des Kunststoffteils vorbeigeführt werden und

13

14
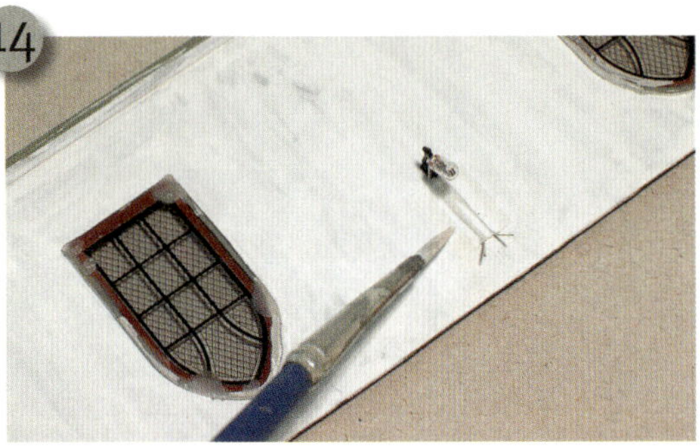

15

16

17
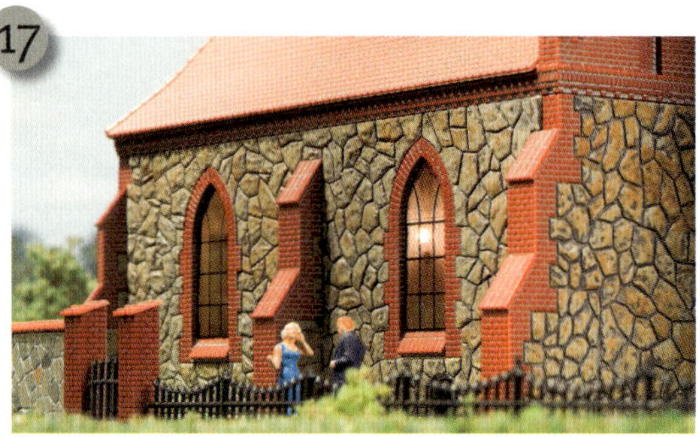

18
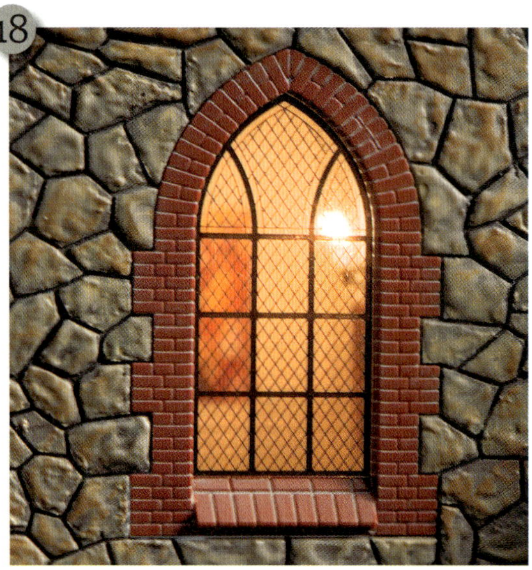

sich nicht berühren. (14) Dann klebt man Halter und Drähte an die vorher weiß gestrichene Wand. Auch kann man Kreuzwegbilder und andere Verzierungen an den Wänden anbringen. (15) In den oberen Rahmen werden mit einem kleinen Bohrer Löcher für die Drähte gebohrt. (16) Jetzt kann man alles verdrahten. Die Stromquelle erreicht man über den Kirchturm. Bevor das Dach aufgesetzt wird, erfolgt eine Funktionsprüfung und man kann Kirchenbänke und einen Altar einbauen. Passt!

(17/18) Die Szenerie um die Kirche herum kann man nach Belieben ausgestalten, in unserem Fall ist es eine Hochzeit (19).

19

Checkliste zu Kauf und Umsetzung

☐ **Erste Überlegung:**
Welche Epoche fahre ich oder will ich fahren und wo spielt meine Anlage?
Davon hängt ab, welche Gebäude man sich kaufen kann. Doch Vorsicht. Epoche V bedeutet nicht, dass man alles nehmen kann, denn viele Dinge wurden verboten oder abgeschafft, man denke nur an den Bahnwärter und sein Häuschen. Gebäude sind je nach Region sehr unterschiedlich.

☐ **Zweite Überlegung:**
Welche Art von Gebäuden will ich haben?
Für den Einsteiger empfiehlt es sich meist, zunächst ein paar attraktive Häuser zu kaufen. Man hat die Wahl zwischen verschiedenen hervorragenden Anbietern und beim Material (Kunststoff, gelaserte Pappe). Später kann man versuchen, ein eigenes Häuschen selbst zu konstruieren und zu bauen. Ideal für den Anfang sind Blockhäuser oder Holzschuppen, die nicht so aufwendig sind.

☐ **Dritte Überlegung:**
Will ich mein Standardmodell verbessern?
Bitte die Abschnitte in diesem und dem folgenden Kapitel durchlesen. Man kann die Gebäude altern lassen, mit Zubehör oder neuen Farben versehen oder kann aus mehreren Bausätzen ein Phantasiehaus seiner Wahl zusammenstellen.

☐ **Vierte Überlegung:**
Was sollte immer dabei sein?
Auf dem Land:
Bauernhöfe, Kirchen, Scheunen, Ställe, Jägerstände
Im Gebirge:
Almhütten, Skilift, Seilbahn, Berghütten
In der Stadt:
Kirche, Wohn- und Geschäftshäuser, großes Bahnhofsempfangsgebäude, Polizei, Feuerwehr, Krankenhaus, Freizeitanlagen

☐ **Fünfte Überlegung:**
Wie stelle ich meine Häuschen auf?
Am wichtigsten ist die gerade, ebene Fläche, wo das Häuschen in die Anlage integriert werden soll. Schief stehende Gebäude schauen nicht gut aus. Bei einem Dorf sollte immer eine Kirche in der Mitte stehen. In der Stadt braucht man ein Rathaus, vielleicht eine Feuerwehr, Polizei und – einen schönen großen Bahnhof.

☐ **Sechste Überlegung:**
Wie entscheide ich mich zum Kauf?
Zunächst sollte man sich die Kataloge der Anbieter beschaffen oder sich im Internet anschauen, was alles lieferbar ist. Dann ist es sinnvoll zu überlegen, ob die ausgesuchten Modelle in das veranschlagte Budget passen. Man sollte immer den Blick fürs große Ganze haben: Was für ein Häuserensemble soll am Schluss in meiner Anlage stehen? In welche Richtung könnte ich erweitern?

7. Strom in der Modellbahn

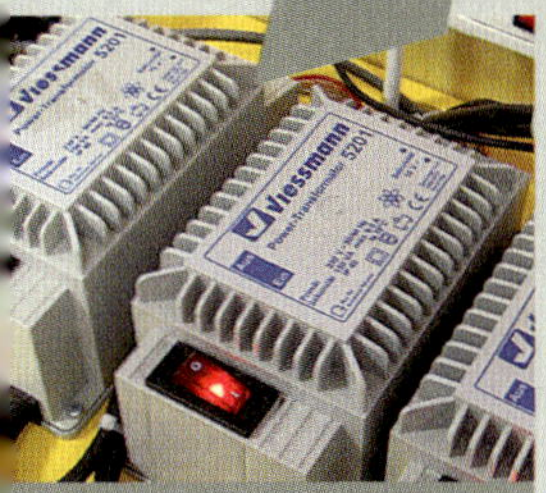

7. Strom in der Modellbahn

Steuerung, Beleuchtung und realistische Extras

Stromsysteme und Zugsteuerung

Gleichstrom und Wechselstrom

Wer sich für die Modellbahn entscheidet, hat in den verschiedenen Nenngrößen immer eine Gleichstrombahn. Anders sieht es bei Ho aus, denn dort bietet der Marktführer Märklin mit seiner Dreischienen-Zweileiter-Schiene ein Wechselstromsystem an. Was ist der Unterschied? Beim Gleichstrom bildet jedes der Gleise einen Pol. Die Geschwindigkeit wird über die Höhe der Spannung kontrolliert, die Umkehrung der Fahrtrichtung erfolgt durch die Umpolung der Spannung mit dem Steuerelement. Beim Wechselstromsystem wechselt die Fahrtrichtung über ein Relais, das durch ein kurzzeitiges Beaufschlagen mit einer höheren Spannung zum Umschalten gebracht wird. Es hat den Vorteil einer sehr hohen Betriebssicherheit, weil nahezu die volle Fahrzeugmasse auf demselben elektrischen Potenzial an der Leistungsübertragung über die Räder beteiligt ist. Gegenüber der Gleichstrombahn tragen doppelt so viele Räder mit nahezu gleichem Kontaktdruck zur elektrischen Leistungsübertragung bei. Das mindert den Übergangswiderstand an der Rad-Schiene-Kontaktfläche und schafft Kontaktsicherheit. Am anderen Potenzial sorgt ein verschmutzungsunempfindliches System aus Punktkontaktleiter und federnd an diesem anliegenden Schleifstück für ebenfalls hohe Kontaktsicherheit. Darüber hinaus verbinden beim System Märklin Ho die elektrisch leitenden Radsatzwellen aller Fahrzeuge die beiden Schienen miteinander und sorgen somit für deren Potenzialausgleich. Unterschiedliche Spannungsabfälle an Schienenstößen werden somit ausgeglichen und die zur Verfügung stehende Fahrspannung bleibt voll erhalten.

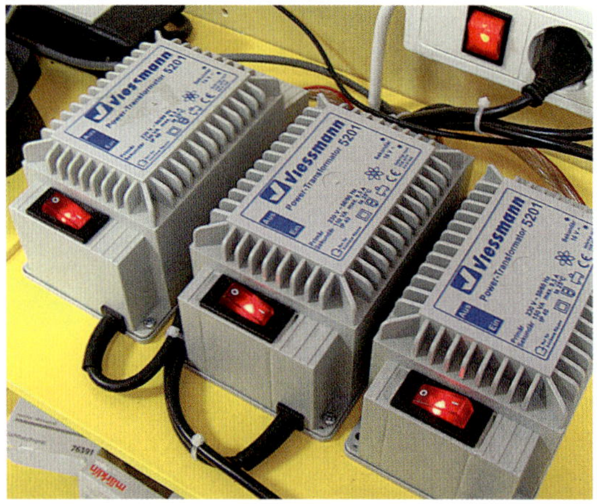

Power-Trafos 5201 von Viessmann

Für den Pantographen-Blitz braucht man eine Mikro-LED

Trafozeile einer Großanlage

Im Gegensatz zum Gleichstromsystem kann bei Märklins Wechselstromsystem auf Kehrschleifenschaltungen verzichtet werden, mit denen ein Wendemanöver durchgeführt wird. Das Anlegen von Trennabschnitten ist vergleichsweise aufwendig.
Früher war man bei der Steuerung auf den stationären Trafo angewiesen. Inzwischen gibt es aber eine Vielzahl praktischer Handregler, die es ermöglichen, verschiedene Standorte an der Platte einzunehmen. Weichen, Signale oder andere elektrisch betriebene Details werden an einem Tastenpult bedient.

An dieser Stelle kann nicht auf die vielfältigen Schwierigkeiten im Umgang mit der Elektrik der Modellbahn eingegangen werden. Hierzu gibt es in Zeitschriften und umfangreichen Fachbüchern die nötigen Informationen.

Zugsteuerung: analog oder digital?

Waren es früher nur die ideologischen Grabenkämpfe zwischen Wechselstromern und Gleichstromern, hat sich in den letzten Jahren mit Aufkommen der Digitaltechnik ein weiterer Kriegsschauplatz eröffnet. Die einen lehnen es total ab, andere fahren voll drauf ab. Wie fast überall beim Modellbahnhobby ist auch das letztlich Geschmacksfrage, es gibt aber wichtige Argumente, die sich sowohl der Einsteiger als auch der Umstiegswillige genau überlegen müssen.

Die Nachteile der Digitaltechnik sind – die Kosten. Je nachdem, ob man schon ältere Analoglokomotiven besitzt, wird man diese umrüsten müssen. Man braucht die Steuerungsanlage mit digitalem Handregler, Lokdecoder, Schaltdecoder für Schranken, Weichen, Beleuchtung, einen oder mehrere Verstärker und verschiedene Module.

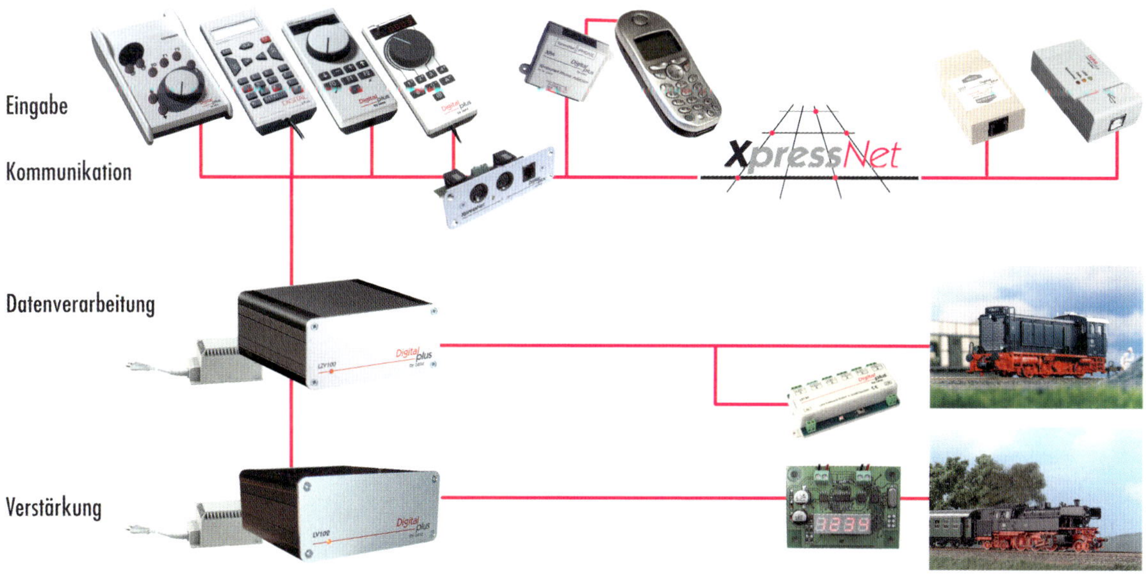

Systemkomponenten des Digital plus von Lenz

Hervorragender Lokdecoder der Gold-Serie von Lenz

Das Bremsmodul sorgt für realistischen Stopp am Signal

So ermöglichen zum Beispiel Bremsmodule ein vorbildgetreues Verhalten eines Zuges vor einem Signal. Ein solches Modul beeinflusst den Bremsweg und ein verzögertes Anfahren.

Doch was kann man alles im Digitalbetrieb haben! Standlicht bei Lokomotiven, aber auch ein Fahrlicht, das nicht heller wird, wenn die Lok schneller fährt oder kurz ausgeht, wenn man die Fahrtrichtung umkehrt; Zugfahrgeräusche, Bahnhofsdurchsagen, Straßenverkehrslärm und natürlich die Lokpfeife; mehrere Züge können gleichzeitig auf demselben Gleis in unterschiedlichen Geschwindigkeiten fahren; Rangierbetrieb zusammen mit Freunden ist möglich; ein selbsttätiges Entkuppeln wird digital angesteuert; lastgeregelte Decoder machen es möglich, dass Züge auch bergauf immer gleich schnell fahren.

In der Digitaltechnik ist die Spannung am Gleis konstant, die Steuerung der Loks erfolgt durch Steuerbefehle, die ein Decoder verarbeitet. Das schafft Betriebssicherheit: Die Rad-Schiene-Stromübertragung hat es auch bei langsamen Fahrgeschwindigkeiten mit konstant hoher Übertragungsspannung zu tun, so dass kontaktbedingte leichte Spannungsabfälle – und die gibt es immer mal wieder – nicht so leicht zum Fahrzeugstillstand führen und bei den meisten Decodertypen ja sogar durch deren Motordrehzahlelektronik ausgeregelt werden. Jede Lok bekommt ihre eigene Adresse, so dass für jedes Fahrzeug individuelle Steuerbefehle gegeben werden können. Züge fahren nun also nicht mehr schneller, wenn die Spannung steigt, sondern über einen digitalen Befehl. Bekommt die Lok einen Haltebefehl, bleibt sie stehen. Damit sind aufwendige Trennstellen, die etwa nötig werden, wenn man eine Lok abstellen will, überflüssig. Der Bedarf, verschiedene Gleisabschnitte zu trennen, an denen je nach Spielsituation Spannung anliegt oder nicht, besteht nicht mehr. Der Verkabelungsbedarf kann deutlich reduziert werden.

Für die vielfältigen Steuerungsaufgaben, die beim Betrieb mit mehreren Zügen notwendig werden, gibt es hervorragende Handregler. Man kann hier zwischen günstigeren Modellen mit weniger Funktionen und solchen mit einem großen Leistungsspektrum wählen. Wichtige Anbieter sind ESU, Lenz, Viessmann und Uhlenbrock, doch auch die Hersteller von Loks und Wagen bieten eigene Regler an.

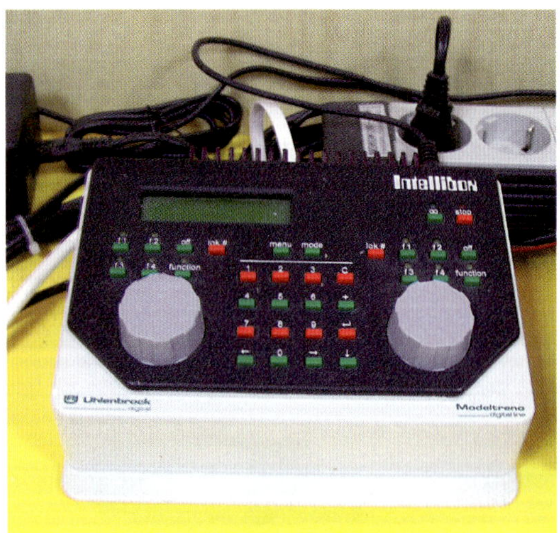

Uhlenbrocks Intellibox ist legendär

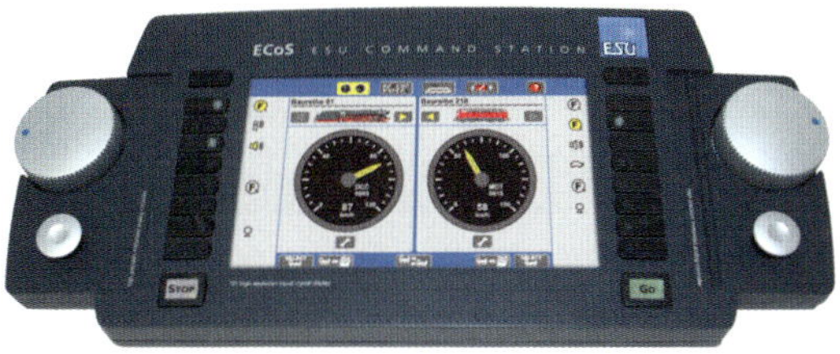

ECoS Steuergerät von ESU

Steuergerät „Commander" von Viessmann

Für komplexeren Spielbetrieb auf einer digitalen Anlage braucht man eine Steuerzentrale, die den vielen Anforderungen gewachsen ist. Wer Märklin fährt, hat mit der firmeneigenen Central Station ein zuverlässiges System. Doch lohnt es sich, auch die Geräte anderer Anbieter in Betracht zu ziehen. Diese sind für Gleich- und Wechselstrom geeignet. Die wichtigsten Hersteller sind Uhlenbrock mit seiner Intellibox, die es jetzt in erweiterter Form gibt, Viessmann mit seinem universalen „Commander" und ESU mit seinem ECoS. An diese Zentralen können mehrere Regler angeschlossen werden.

Realistischen Bahnbetrieb haben, während man selbst an einer Baustelle der Anlage arbeitet oder während man selbst mit Rangieraufgaben beschäftigt ist? Hier eignet sich die Anschaffung einer Pendelzugsteuerung. Dieses Modul ermöglicht die Einrichtung eines fahrplanmäßigen Pendelverkehrs zwischen zwei Bahnhöfen, wobei vorbildgerechtes Bremsen, Halten und Anfahren programmiert werden können.

Fazit:

Wer heute von null an beginnt, sollte sich ein Digitalsystem zulegen. Die Möglichkeiten sind zu gut, als dass man darauf verzichten könnte. Die Herstellerfirmen setzen voll auf das Digitalsystem und werden vermutlich die Analogbahner zukünftig verstärkt zum Umstieg verleiten wollen.

Allerdings muss man sich darüber im Klaren sein, dass bei einem Defekt nur erfahrenen Modellbahnern die Reparatur selbst gelingt. Das bedeutet wieder Kosten.

Wer bereits eine größere Analogbahn besitzt, wird sicher auch einige Loks sein eigen nennen, die aus etwas älteren Jahrgängen stammen. Mit etwas Bastelaufwand kann heute dank der kleinen Decoder der neuen Generation nahezu jede Lokomotive ab Baugröße N digitalisiert werden. Hier ist zu entscheiden, ob man sich von dem alten System trennen will und kann, oder ob man bei der analogen Lösung bleibt. Wer sowieso nur immer einen einzigen Zug fahren lässt, braucht sich ebenfalls keine Gedanken über das digitale System zu machen. Geräusche kann man auch aufnehmen und im Zufallswiedergabemodus abspielen.

Wer jedoch mühsames Verkabeln scheut und von den technischen Möglichkeiten gefesselt ist, der wird mit einer digitalen Anlage ein gesteigertes Modellbahnvergnügen erleben.

Modellbahn und PC

Sowohl im Analogbetrieb als auch digital ist der Einsatz eines Computers (PC oder Mac) zur Steuerung einer Modellbahnanlage möglich. Eine spezielle Software, etwa die von Viessmann angebotene WIN-DIGIPET (nur digital) oder Railroad & Co. besitzen einen beeindruckenden Leistungsumfang. Sehr wichtig ist auch die Modellbahnsteuerung per Computer (MpC) von Gahler+Ringstmeier, das als MpC-Classic analoge Gleichstrombahnen steuert. MpC-Digital ist für Digitalsysteme von Märklin, Lenz, Selectrix und Zimo. Wer seine Bahn über PC steuern will, sollte sich vor allem über die Zukunftsfähigkeit und Erweiterbarkeit der Software seiner Wahl informieren.

Digitalsteuerung der Anlage mit Computersoftware

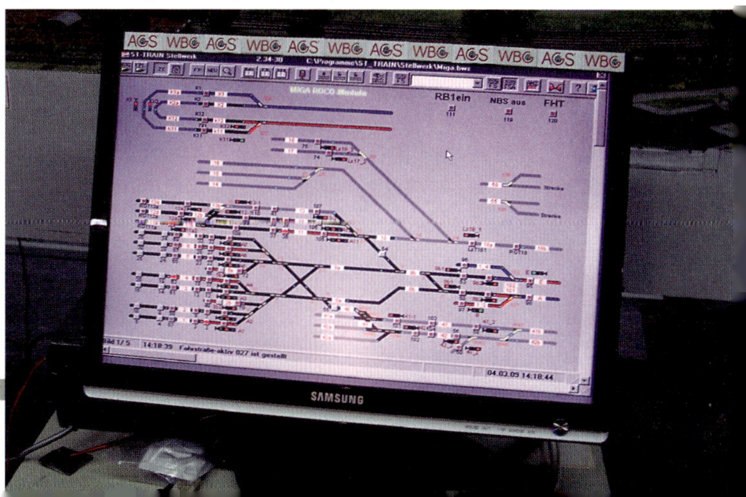

Beleuchtete Züge machen die Anlage attraktiver

Licht und Modellbahn

Beleuchtung von Loks und Wagen

Während die Lokomotiven in der Regel bereits mit zwei oder ab Epoche III (ca. seit 1958) mit drei Spitzenlichtsignalen ausgestattet sind, die leuchten, werden die Personenwagen in der Regel ohne Innenbeleuchtung ausgeliefert. Natürlich ist das nicht schön, weshalb es für die meisten Modellbahner selbstverständlich ist, ihr Rollmaterial nachzurüsten. Man kann dies entweder mit angebotenen Leuchten der Hersteller selbst machen, oder sich bei Anbietern von Zubehör, etwa Viessmann, die nötigen Bausätze beschaffen. Die meisten Wagen sind bereits werksseitig für die Innenbeleuchtung vorbereitet.

Gerade bei der Wageninnenbeleuchtung ist es dank der LED-Technik heute möglich, sich ein epochengerechtes Licht zu zaubern. Da früher mit Gas oder Glühbirnen für die Sicht der Passagiere gesorgt worden ist, herrschte zu jener Zeit ein eher gelbliches Licht vor. Bei den heute üblichen Leuchtstoffröhren wird man eher zu einem weißen Licht greifen. Im Gegensatz zu den Modellbahnlämpchen früherer Zeiten sind die LEDs wartungsfrei, stromsparend und geben keine Wärme ab. Der Strom wird über Schleifer, Kontakte oder eine zusätzlich nachrüstbare stromführende Kupplung geliefert. Interessant für Freunde realistischen Spielbetriebs ist die Fähigkeit solcher LED-Platinen, unabhängig von der Geschwindigkeit stets die gleiche Helligkeit zu liefern. Das oft störende Flackern wird verhindert.

Um die Nachrüst-Beleuchtung einzubauen, muss man zuerst das Dach des Wagens abnehmen. Die Platine wird dann einfach an der Unterseite des Dachs befestigt und angeschlossen. Wer seine zweiachsigen Donnerbüchsen der Epoche II und III mit LEDs versehen will, kann die Platinen auf die entsprechende Wagenlänge kürzen. Ein guter Tipp ist folgender: Da man den Wagen ohnehin schon geöffnet hat, bietet es sich an, auf die leeren Plätze ein paar vorher eingekaufte Passagiere zu setzen. Dann wirkt der fahrende Zug besonders bei Nacht noch viel spektakulärer.

Der Funktionsdecoder wird ins „Klo“ eingebaut und bleibt unsichtbar

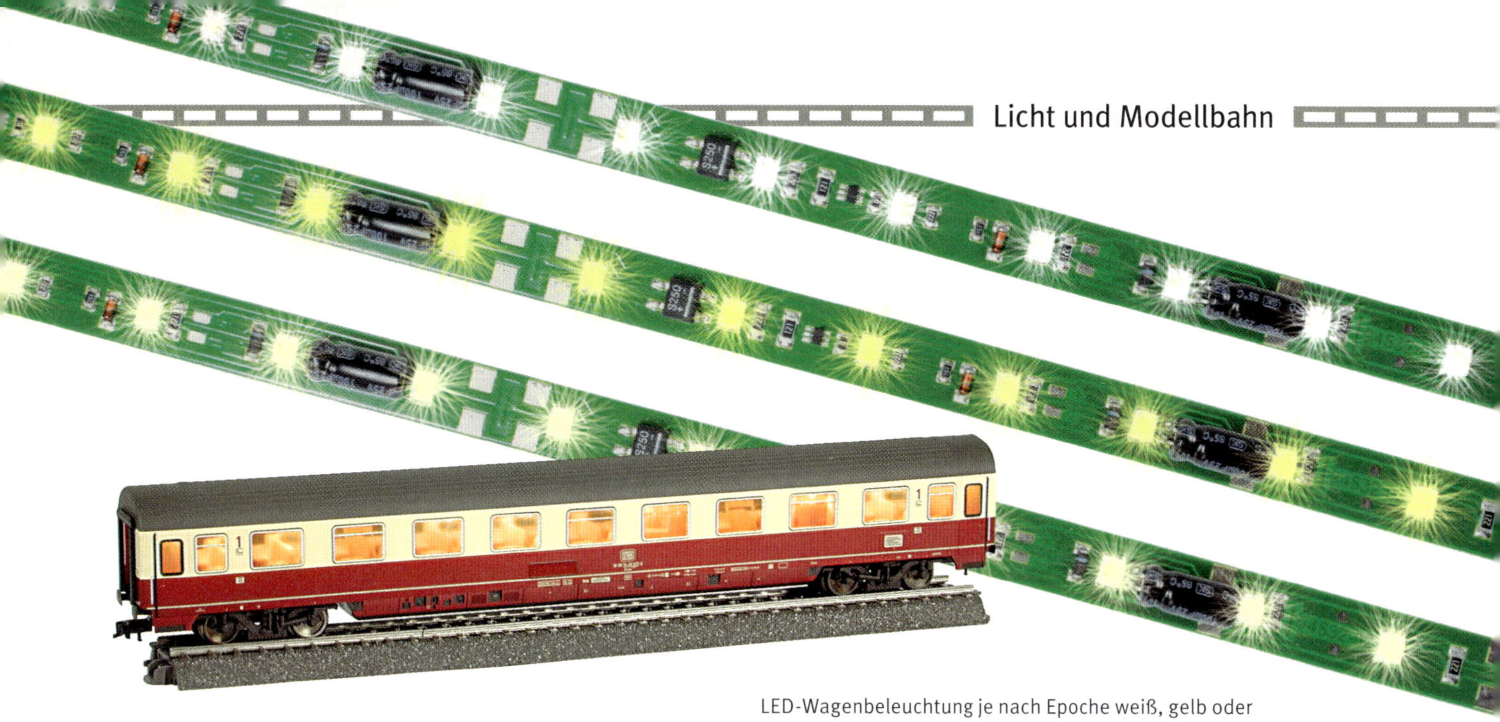

LED-Wagenbeleuchtung je nach Epoche weiß, gelb oder warmweiß

Lichtsignale

Wir haben in Kapitel 5 bereits einiges über die Signale der Bahn erfahren. Jetzt wird gezeigt, wie solche Bauteile aufgestellt werden.

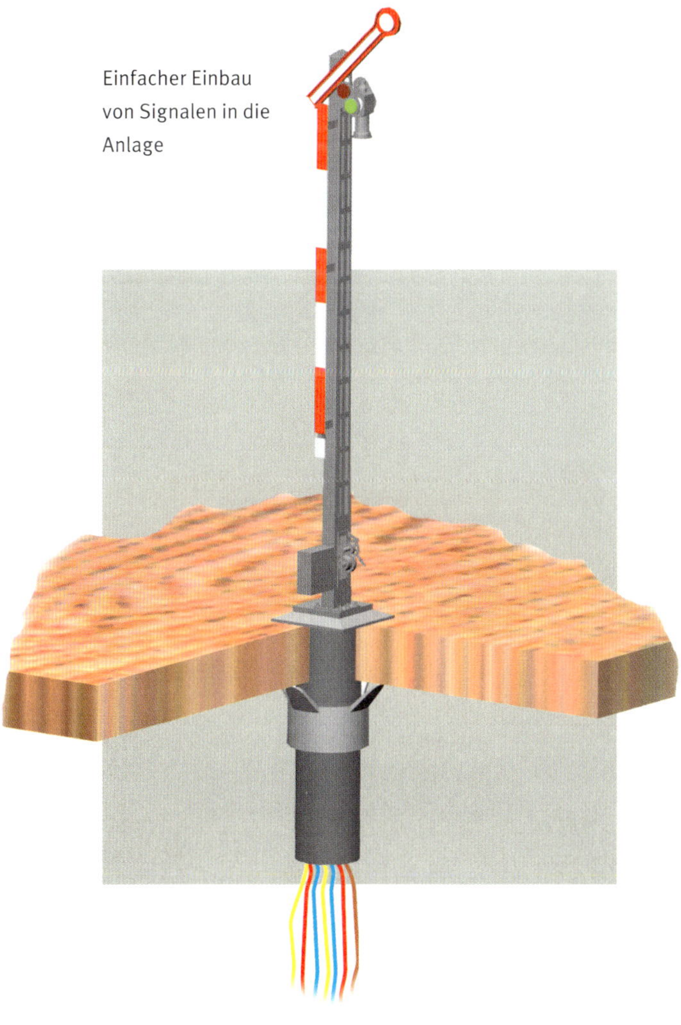

Einfacher Einbau von Signalen in die Anlage

Das Schaubild zeigt auf einen Blick: Diese Arbeit ist nicht besonders schwer. Man bohrt an der gewünschten Stelle mit einem Holzbohrer von 13 Millimeter Durchmesser ein Loch in die Bodenplatte und schiebt das Signal hinein. An der Oberseite deckt der Signalfuß das Loch ab und verhindert ein Durchrutschen des Signals. An der Plattenunterseite wird ein Befestigungsring auf den Signalkörper geschoben und fixiert. Jetzt ist das Signal montiert. Die Kabel werden vorschriftsgemäß angeschlossen. Auch die Verkabelung für eine integrierte Zugbeeinflussung beim Schalten des Signals muss erledigt werden. Wichtig ist, bei der Positionierung darauf zu achten, dass die Signale nicht zu nah am Gleis stehen, denn sonst kann es leicht sein, dass eine Lok oder ein ausscherender Wagen das Signal touchiert. Die Köpfe der Formsignale sollen immer von den Gleisen weg nach rechts zeigen.
Beim Bau der Anlage sollte man die Position des Signals immer mit der zu bauenden Landschaft abstimmen. Dazu gehört auch, wenn man Vertiefungen schafft, dass der Signalfuß nicht zu weit herausschaut. Es ist aber meist problemlos möglich, Signale an flachen Stellen nachträglich einzubauen.

Bevor man Signale allerdings willkürlich aufstellt, sollte man sich unbedingt Informationen einholen, an welcher Stelle der Strecke Signale aufgestellt werden, wie weit die Vorsignale ent-

Zughalt befiehlt das Lichtsignal im Original...

... und im Modell, hier ist allerdings Rangieren erlaubt

fernt sind, welche Signale bei einem Bahnhof gebraucht werden und vieles mehr. Erste Anlaufstelle sind die Herstellerkataloge, weiterführende Produktinformationen, aber auch das offizielle Signalbuch der DB.

Bereits vor dem Zweiten Weltkrieg kam es mancherorts zur Einführung von Lichtsignalen. 1969 wurde eine Einheitsbauform entwickelt, die lange Zeit einheitlich galt. Anfang der 1990er kam es dann zur Einführung der Kombinationssignale, kurz Ks. Digitale Lichtsignale bekommt man zum Beispiel von Märklin, aber vor allem Viessmann bietet eine Vielzahl schöner Modellsignale an. Sie sind zum Teil auch als Bausatz noch günstiger zu haben. Die Lichter werden durch Leuchtdioden dargestellt. Da bei bestimmten Signaltypen bis zu elf Kabel weglaufen, ist der optische Effekt oft nicht optimal. Viessmann bietet deshalb seit kurzem Lichtsignale mit Multiplex-Technologie an, denen lediglich vier Kabel reichen. Sie sind in einem Stecker verbunden, den man ganz einfach an das Steuermodul anschließen kann. Dieses wiederum kann mit einer digitalen Kommandozentrale verbunden werden, die automatisch ein funktionierendes System aufbaut.

Übrigens: Das Formsignal ist noch nicht ganz von deutschen Strecken verschwunden. An manchen Orten, zum Beispiel im Bahnhof Mengen bei Sigmaringen, kann man sie noch sehen. Dies kann auch für den Modellbahner ein schönes Motiv sein, das die Anlage belebt.

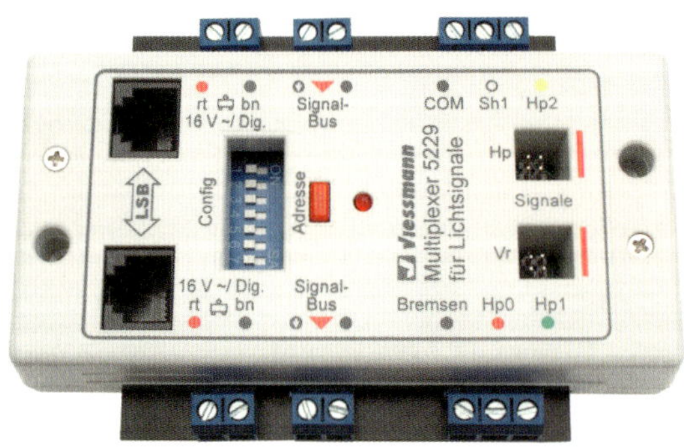

Multiplexes Steuermodul für Lichtsignale von Viessmann

Wichtige Lichtsignale im Bahnbetrieb

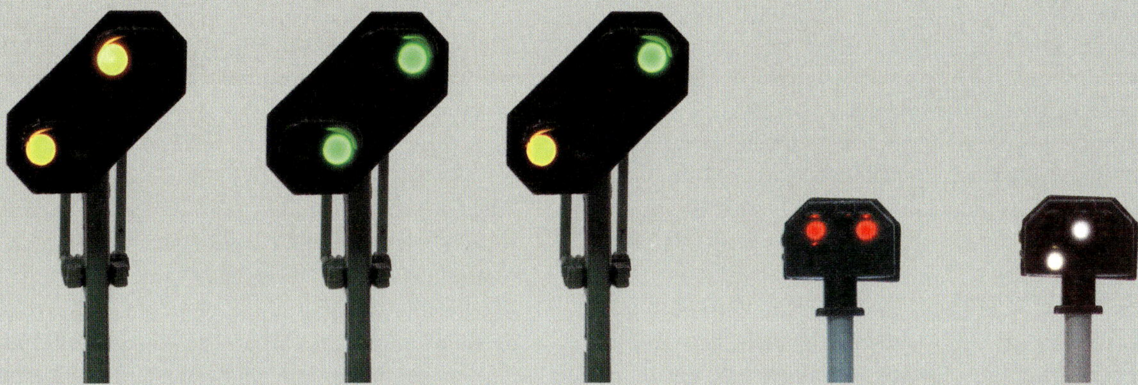

Halt erwarten

Fahrt erwarten

Langsamfahrt erwarten

Halt! Fahrverbot!

Fahrverbot aufgehoben

Halt

Fahrt

Langsamfahrt

Zughalt/ Rangierhalt

Zughalt/ Rangieren erlaubt

Weichenantrieb

Der Weichenantrieb dient dem Zweck der Weichenbetätigung. Dabei werden die Weichenzungen meist paarweise in die gewünschte Richtung verschoben. Die Zunge, die vor dem Verschieben nicht an der Schiene angelegen war, liegt nun an, während die vorher anliegende Schiene nach dem Vorgang abliegt.
Im Großen und Ganzen spricht man von manuellen und elektrischen Antrieben, wobei letztere noch zwischen elektromagnetischen und elektromotorischen Antrieben unterschieden werden können. Im Vorbild werden mit Abstand die meisten Weichen mit Hilfe eines Elektromotors verstellt. In der Miniaturausführung ist es jedoch die elektromagnetische Version, die die größte Verbreitung gefunden hat. Dabei handelt es sich meist um Oberflurantriebe. Sie sind entweder fest mit der Weiche verbunden oder seitlich steckbar. Mehrere Hersteller, wie etwa Viessmann, bieten nachrüstbare Weichenantriebe an.

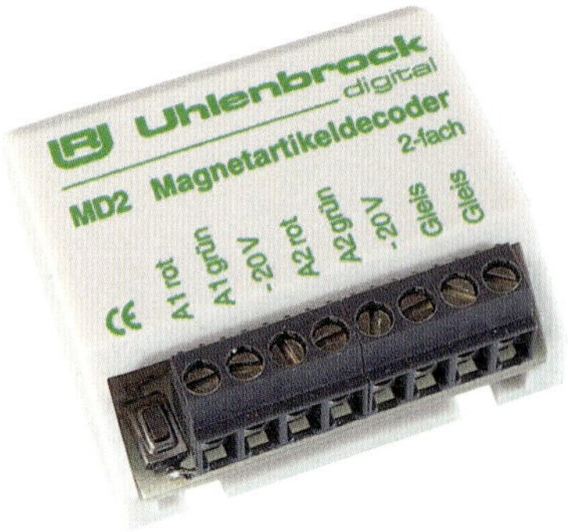

Der Magnetartikeldecoder MD2 von Uhlenbrock dient zum Steuern von Weichen und Signalen mit elektromagnetischem Antrieb

Ein Weichenantrieb von Viessmann

Dieser Weichenantrieb befindet sich sichtbar neben dem Gleis

Die Weichenantriebe sind in der Regel nicht gerade klein und meist sichtbar. Vor allem der Modellbahner, der großen Wert auf einen detailgetreuen Nachbau eines Vorbilds legt, wird Oberflurantriebe als störend empfinden. Als besonders realitätsnahe Bauform gibt es den elektromotorischen Weichenantrieb. Aber auch seitlich steckbare elektromagnetisch betriebene Weichenantriebe können wahlweise als Ober- oder Unterflurversion eingesetzt werden. Hierbei wird für den Oberflurbetrieb einer Rechtsweiche der entsprechende Original-Weichenantrieb benötigt, für den Unterflurbetrieb wird in der Regel derjenige der entsprechenden Linksweiche verwendet.
Althergebrachte manuelle Weichenantriebe bereiten manchen Modellbahnern im Spielbetrieb noch eine besondere Freude. Dabei werden die Weichen verstellt, indem das Weichengewicht von Hand umgelegt wird. Allerdings ist dies nur praktikabel, wenn die Weichenverstellvorrichtung leicht mit der Hand oder einem Greifer erreicht werden kann, also bei kleineren Bahnen.

Blocksteuerung

Bei der Block- oder Gleisabschnittsteuerung werden die Gleise in mehrere Blöcke oder Abschnitte aufgeteilt. In jedem Block darf nur ein Zug fahren. Wenn ein nachfahrender Zug vor dem belegten Abschnitt ankommt, muss er anhalten. Der Sinn der Blocksteuerung ist es, das Auffahren eines

schnelleren auf einen langsameren oder stehenden Zug zu verhindern.
Am Ende jedes Blocks befindet sich ein sogenanntes Blocksignal. Sobald ein Zug das Signal passiert, wird es auf Rot gesetzt. Wenn er den Abschnitt wieder verlässt, erfolgt die Umschaltung auf Grün, und der nachfolgende Zug kann in den Block einfahren.
Die Blocksteuerung ist umso effektiver, je mehr Abschnitte die Strecke enthält. In der Realität stellen jedoch der technische Aufwand und die Kosten Faktoren dar, die eine beliebige Aufteilung verhindern. Vor der Automatisierung wurden die Signale von den Blockstellen aus bedient. Dabei handelte es sich um kleine Häuser, die an den Strecken angelegt waren und in denen Stellwerksbeamte ihren Dienst verrichteten. Manchmal waren diese Blockstellen mit anderen Funktionen, wie der Bedienung von Schrankenanlagen, kombiniert.

Im Modellbahnbereich sind die einzelnen Abschnitte wegen des stets drohenden Platzmangels in der Regel recht kurz. Es wird jedoch empfohlen, dass ein Gleisabschnitt mindestens 1,5- bis 2-mal so lang wie der längste Zug ist. Dadurch soll im Digitalbetrieb oder im Märklin H0-System verhindert werden, dass ein langsamer Zug den Abschnitt verlässt, das Blocksignal auf Grün gesetzt wird und ein nachfolgender schnellerer Zug auf den Vorgänger trifft, der den Streckenabschnitt noch nicht ganz verlassen hat.
Automatische Zugsteuerungen, wie etwa LISSY von Uhlenbrock, haben die Blocksteuerung schon integriert. Lenz bietet das Blockstreckenmodul BM 3 an, von dem man beliebig viele einsetzen kann, um die Strecke seiner Modellbahnanlage in Blöcke aufzuteilen.

Der Weichenantrieb ist wichtig, damit der Zug auch am richtigen Bahnsteig ankommt

Beleuchtung von Häusern

Die Darstellung der Anlage in der Dunkelheit mit beleuchteten Häusern und Straßen sowie mit Fahrzeugen, die mit eingeschalteten Scheinwerfern fahren, oder eine winterliche, weihnachtliche Szene, bei der ein warmes, gelbes Licht durch die Fenster in die Nacht leuchtet, bieten einen besonders reizvollen Anblick. Das Beleuchten der Häuser lässt sich zum Glück ohne großen Aufwand umsetzen. Als Lichtspender werden Sockelbirnen von mehreren Herstellern angeboten. Allerdings muss das Gebäude vor dem Zusammenbau oft erst an die Beleuchtung angepasst werden. Zum einen ist es wichtig, das Haus von innen her abzudunkeln. Das Licht kann sonst, wenn man es einschaltet, an den überraschendsten Stellen durchscheinen. Bei manchen Herstellern gehört deswegen zum Lieferumfang ihrer Häuser eine Papiermaske, die man von innen auf die Wände klebt. Die Fenster, durch die das Licht scheinen soll, werden ausgeschnitten. Allerdings sollte man bedenken, dass nicht bei allen Fenstern das Licht durchscheint, denn kaum jemand würde nachts in allen Zimmern seines Hauses das Licht brennen lassen. Die Fenster, die nicht beleuchtet werden sollen, müssen also ebenfalls abgedunkelt werden. Anstelle oder gemeinsam mit der Papiermaske wird manchmal auch deckend schwarze Farbe benutzt, um ein Durchscheinen des Lichtes an den ungewünschten Stellen zu verhindern. Je nach Modell kann es zweckmäßig sein, diese vor oder erst nach dessen Zusammenbau aufzutragen.

Zusätzlich ist noch zu bedenken, dass die Lämpchen irgendwann durchbrennen. Es sollte also eine Möglichkeit geben, die Leuchtmittel auszuwechseln, entweder indem man das Dach abnehmen oder von unten das Lämpchen auswechseln kann. LEDs werden wegen ihres eher unnatürlichen Lichts bei Gebäuden weniger empfohlen.

Die Stille-Nacht-Kapelle von Vollmer mit weihnachtlicher Beleuchtung

Wenn es Abend wird, muss auch das Hallenbad beleuchtet werden

Straßenlampen

Die Beleuchtung der Straßen durch Laternen ist aus dem heutigen Stadtbild nicht mehr wegzudenken. Selbst in kleinen Dörfern sind sie mittlerweile selbstverständlich, obwohl das nicht immer so war. Wer auf seiner Anlage eine frühere Epoche darstellen möchte, kann deshalb auf das Aufstellen von Laternen in einem Dorf verzichten. Die Städte wurden dagegen schon seit dem neunzehnten Jahrhundert beleuchtet. Anfangs wurden die Straßen mit Gaslaternen erhellt. Die elektrische Beleuchtung setzte sich erst nach und nach durch.

Dem Modellbahner wird von mehreren Herstellern eine breite Palette von Straßenlaternen angeboten. Dazu gehören Straßenleuchten, Stadtleuchten, Gaslaternen, Parkleuchten und Bahnbetriebsleuchten. Für welche der Lampen sich der Modellbahner entscheiden soll, hängt unter anderem von der dargestellten Epoche ab. Wenn man ein Vorbild detailgetreu nachbauen möchte, sollte man sich vorher informieren, wie die Straßenbeleuchtung zur betreffenden Zeit beschaffen war. Alte Fotos können dabei behilflich sein. Auch die Herstellerkataloge geben meist detaillierte Informationen zu ihren Lampenmodellen und deren Verwendungszeitraum.

Die Miniatur-Straßenleuchten sind mit Glühlampen oder Leuchtdioden (LED) erhältlich. Die LEDs haben den Vorteil, dass sie wartungsfrei sind, sich nicht erhitzen und weniger Strom als Glühlämpchen verbrauchen. Sie sind vorerst noch etwas teurer als die herkömmlichen Lämpchen. Ihr Licht wird von manchen als künstlicher empfunden, was jedoch bei Straßenbeleuchtungen nicht unbedingt ein Nachteil ist.

Tipp: Wer seiner Stadt noch mehr nächtliches Flair verleihen möchte, kann mit dem farbigen Licht von Neon-Reklamen die Dunkelheit erhellen.

Die Straßenbeleuchtung kann mit der Analogsteuerung von Viessmann von zentraler Stelle aus bedient werden

Fahrzeugscheinwerfer

Eine in der Dunkelheit beleuchtete Anlage bietet einen besonderen Reiz. Realistisch wird sie aber erst, wenn auch die Autos ihre Scheinwerfer strahlen lassen. Viele Fahrzeuge können zu diesem Zweck für die Nachtfahrt mit Lichtern nachgerüstet werden. Viessmann bietet beispielsweise einen Blaulichtbalken an, mit dem man einen Pkw in ein Polizeiauto umwandeln kann. Zu diesem Zweck muss das Auto zuerst zerlegt werden. An der Einbaustelle wird in die Karosserie ein drei Millimeter großes Loch gebohrt. Anschließend wird der Glühlampensockel mit etwas Kleber versehen und von unten in das Karosserieloch geschoben. Nun muss das Licht noch an die Stromversorgung angeschlossen werden. Nach dem Zusammenbau des Fahrzeugs werden die Kabel der Glühlampe an den Radkästen herausgeführt. An der Stelle, an der das Fahrzeug stehen soll, wird ein Loch mit einem Durchmesser von zwei Millimetern in die Oberfläche der Anlage gebohrt. Durch dieses Loch werden anschließend die Kabel gezogen und unterhalb der Anlagenplatte an die Stromversorgung angeschlossen.
Einfacher geht es mit Fahrzeugen, die bereits mit einer Beleuchtung ausgestattet sind. Das Polizeiauto, das ebenfalls von Viessmann angeboten wird, ist mit einer Beleuchtung und einem Blaulicht versehen. Die Kabel werden durch zwei Öffnungen unterhalb des Autos herausgeführt. Nach dem Bohren der nötigen Löcher in der Anlage können die Kabel durch die Öffnungen geführt und mit der Stromversorgung verbunden werden. Über die genaue Vorgehensweise gibt die dem Produkt beiliegende Montageanleitung Schritt für Schritt Aufschluss.
Das Auswechseln von Glühlämpchen geht in der Regel ebenfalls problemlos vor sich. Zuerst muss das Fahrzeug von der Anlage gelöst werden. Danach können mit einem spitzen Gegenstand die Stoßstange, der Kühlergrill und die seitlichen Zierblenden entfernt werden. Dies ermöglicht es, die Karosserie abzuheben. Nun kann der Lichtleiter nach vorne gezogen werden. Nach dem Anheben der wärmeableitenden Folie wird die Glühlampe ausgewechselt.
Um das Glühlämpchen des Blaulichts bei einem Polizeiauto auszuwechseln, muss ebenfalls das Auto zerlegt werden. Der Blaulichteinsatz wird anschließend aus dem Dach geschoben. Nachdem der Grundträger vom Blaulichtteil getrennt wurde, kann das Glühlämpchen ausgetauscht werden.

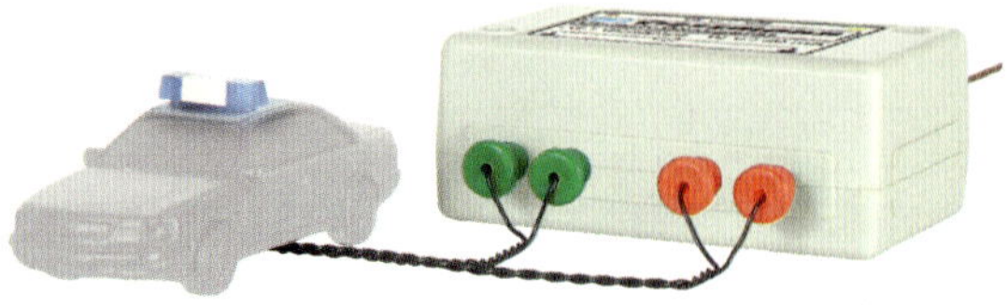

Autos können mit dem Blaulicht von Viessmann nachgerüstet werden

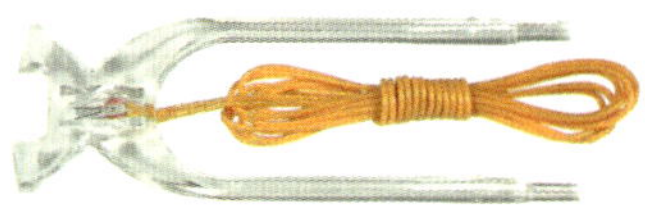

Der Lichtleiter wird in die Fahrzeuge eingebaut

Produkt	Artikel-Nr.
Viessmann Blaulichtbalken	5029
Viessmann Mercedes-Benz E-Klasse Polizei	3226
Busch Blaulichtbalken mit Blinkschaltung	5938
Viessmann Lichteffekte zum Nachrüsten	5025, 5026, 5027, 5028, 5029, 5032, 5033, 5039
Busch Scheinwerfer-Rückleuchten-Set	5927

Geräusche

NOCH bietet die nötige Ausrüstung,
um auf der Anlage den passenden Sound zu erzeugen

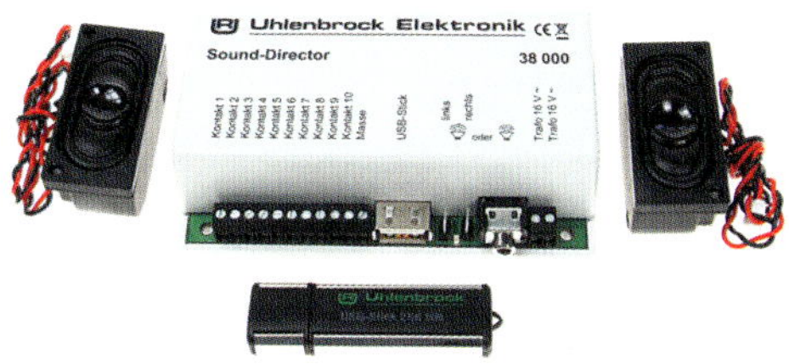

Mit dem Sound-Director von Uhlenbrock lassen sich viele Geräuschdateien abspielen

Ein fahrender Zug ist ein schöner Anblick, vor allem, wenn er durch eine realistisch gestaltete Landschaft mit detailgetreuen Nachbauten fährt. Der Erlebniswert wird noch gesteigert, wenn die Lok Fahrgeräusche wie im Original von sich gibt. Dies kann bei digitalgesteuerten Anlagen durch spezielle Geräuschgeneratoren erreicht werden. Zu den Anbietern in diesem Bereich gehören zum Beispiel ESU und Benz. Die Generatoren bestehen meist aus einem Decoder und einem kleinen Hochleistungslautsprecher. Der Einbau in eine Lok mit einer digitalen Schnittstelle kann ohne großen Aufwand vollzogen werden. Dazu wird die Lok geöffnet, der Blindstecker anschließend entfernt und der Decoder eingesteckt. Nach dem Verschließen ist die Lok einsatzfähig. Neben dem normalen Fahrgeräusch können auch das Quietschen der Bremsen, Pfeiflaute und Glockensignale abgegeben werden. Die Fahrgeräusche gibt es für Dampf-, Diesel- und Elektroloks.

Nicht in jede Lok kann ein Geräuschgenerator eingebaut werden, was insbesondere für kleine Spurweiten gilt. Um den Betrachtern der Anlage trotzdem ein Fahrgeräusch zu bieten, hat die Firma NOCH für Analog-Bahnen die Synchro Sound Box entwickelt. Dieses stationäre Sound-System wird einfach am Trafo oder an den Schienen angeschlossen. Das Dampflokgeräusch wird über einen Lautsprecher übertragen und passt sich automatisch der Fahrgeschwindigkeit des Zugs an. Zusätzlich kann das Fahrgeräusch durch andere Töne überlagert werden, wie Pfeif-, Brems-, Glocken- und Dampfgeräusche. Wem dies noch nicht reicht, der kann die Sound Station II, die ebenfalls von NOCH kommt, einsetzen. Zahlreiche Möglichkeiten und Geräusche bietet auch der Sound-Director von Uhlenbrock. Mit diesem System lassen sich sogar MP3-Dateien abspielen und bis zu 600 verschiedene Dateien auf die Wiedergabeliste setzen. Außerdem hat der Sound-Director zehn Kontakte, die man in die Anlage einbauen kann. Beim Auslösen werden situationsbedingte Geräusche abgespielt. Eine Zeitschaltuhr sorgt dafür, dass die Kirchenglocken immer pünktlich geläutet werden. Der Clou ist, dass zusammen mit dem Lissy-System sogar eine für exakt diesen Zug geltende Bahnhofsdurchsage abgespielt werden kann.

Produkt	Artikel-Nr.
Benz mfx-Hochleistungselektronik mit Geräuschgenerator	60931, 60932, 60933
ESU LokSound V3.5	siehe www.esu.eu
ESU LokSound V3.0 mfx	siehe www.esu.eu
NOCH Synchro Sound Box	60260
NOCH Sound Station II	60215
Uhlenbrock Sound-Director	38000

Dampf und Rauch

Aufsteigender Rauch von Dampflokomotiven lässt eine Anlage der Epochen I bis III lebendiger und authentischer wirken. Da die Modelldampfloks im Gegensatz zu den Vorbildern mit Elektroantrieb fahren, wird der Rauch durch spezielle Rauchgeneratoren erzeugt. Dabei handelt es sich um kleine Vorrichtungen, die mit Dampfölen beziehungsweise Dampfdestillaten befüllt werden. Eine kleine Heizspirale erwärmt den befüllten Zylinder und sorgt dadurch für das Verdampfen. Viele der Dampfloks werden bereits so ausgeliefert, dass sie für den Einbau eines Raucherzeugers vorbereitet sind. In diesem Fall ist es ein relativ unkomplizierter Vorgang. Das Unternehmen Seuthe hat mehrere Dampfgeneratoren für Loks der Firmen Fleischmann, Roco, Trix und Lilliput im Angebot.

Bei der Ausstattung vorbereiteter Loks mit einem Dampfgenerator muss zuerst das Gehäuse des Fahrzeugs geöffnet werden. Danach kann der Zylinder in den Schornstein der Lok gesteckt werden. Manchmal ist ein kleines Bearbeiten des Schornsteins mit einer Nagelfeile oder einem Schleifpapier nötig.

Etwas schwieriger gestaltet es sich, wenn die Lok nicht für den Betrieb mit einem Dampfgenerator vorgesehen ist. In diesem Fall muss der Schornstein auf die notwendige Größe aufgebohrt werden. Dampfgeneratoren werden für diesen Zweck ebenfalls von Herstellern, wie Seuthe, angeboten. Der Nachteil der meisten Dampfprodukte soll jedoch nicht verschwiegen werden: Rückstände setzen sich auf der Anlage und den Gleisen ab, was vor allem bei kleineren Spuren zu Kontaktproblemen der Radsätze mit der stromführenden Schiene führen kann. Hier hilft nur die Reinigung der Schienen.

Rauch steigt bei Modellbahnanlagen nicht immer nur von Dampfloks auf, sondern manchmal auch von Fabrikschornsteinen oder Häusern, wenn nämlich ein Brand dargestellt wird. Die Rauchgeneratoren schauen für diese Art von Anwendung etwas anders aus, und zwar eher wie kleine Pfannen. Ein Beispiel dafür ist der Rauchgenerator von Vollmer. Das Befüllen der Generatoren mit dem Rauchdestillat geht relativ unkompliziert vor sich. Mithilfe einer Spritze kann die Menge genau dosiert werden.

Eine dampfende Lok lässt das Herz vieler Modellbahn-Fans höher schlagen

Bild rechte Seite: Ein brennendes Haus mit Feuerwehreinsatz ist eine beliebte Szene auf vielen Anlagen

Produkt	Artikel-Nr.
Seuthe Steck-Dampfgenerator	9, 10, 11
Seuthe Dampfgenerator zum nachträglichen Einbau	12
Vollmer Rauchgenerator mit Tank	4114
Viessmann Dampfdestillat	6850

Faller Car-System und Mader-Magnet-Truck

Bei jeder Modellbahnanlage steht die Eisenbahn im Mittelpunkt. Sie war lange Zeit das einzige Element der Anlage, das sich bewegte. Andere Fahrzeuge standen auf den Straßen, ohne ihre Position zu wechseln. Dies änderte sich 1989, als die Firma Faller auf der Spielwarenmesse in Nürnberg ihr Car-System vorstellte. Busse, Lkw und größere Pkw konnten nun, wie durch eine unsichtbare Hand gesteuert, auf den Straßen der Modellanlage fahren, an den Ampeln halten und an den Kreuzungen abbiegen. Angetrieben werden die Fahrzeuge von einem kleinen Elektromotor, der von einem Akku mit Strom versorgt wird. Das Steuern geschieht mithilfe eines Drahtes, der unterhalb der Straßenoberfläche verlegt ist. Ein kleiner Magnet im Fahrzeug bewirkt, dass es immer dem Draht entlang fährt.

Von Faller werden zahlreiche Fahrzeuge angeboten, die für die Fahrt auf der Modellanlage ausgestattet sind. Aber auch Fahrzeuge anderer Hersteller können für den Betrieb mit dem Car-System umgebaut werden.

Eine Alternative zum System von Faller heißt Magnet-Truck und stammt von der Firma Mader-Modellbau. Bei diesem System ist ein Magnetstreifen in der Fahrbahnmitte eingelassen. Das Fahrzeug fährt die Fahrbahn entlang, indem es gleichzeitig über einen Ausleger, an dessen Ende sich ein Magnet befindet, den Magnetstreifen abtastet. Der Ausleger dient gleichzeitig dem Zweck, die Stromversorgung der Fahrzeuge ein- und auszuschalten. Falls das Fahrzeug die Fahrbahn verlässt, wird der Motor automatisch ausgeschaltet. Von Mader-Modellbau wird eine breite Palette von Lastwagen und Bussen für dieses System angeboten.

Wie von unsichtbarer Hand gesteuert fahren die Fahrzeuge durch die Straßen

8. Pfiffige Details, die die Authentizität der Anlage erhöhen

8. Pfiffige Details, die die Authentizität der Anlage erhöhen

Feuerwehreinsatz

Die Absicht der meisten Modellbahner ist es, auf der Anlage die Realität so weit wie möglich nachzubilden. Aber die Figuren, Fahrzeuge und Gebäude dienen darüber hinaus einem weiteren Zweck. Sie sollen anhand von Szenen kleine Geschichten erzählen, in denen dargestellt wird, welche Funktionen die einzelnen Elemente erfüllen. Deshalb sieht man die Polizei meist, wie sie Verbrecher jagt, den Verkehr regelt, einen Unfall aufnimmt oder Strafzettel verteilt. Die Sanitäter helfen bei Notfällen oder bringen Kranke in die Klinik. Eine beliebte Szene ist natürlich der Feuerwehreinsatz. Die Möglichkeiten, die Feuerwehr bei der Arbeit zu zeigen, sind zahlreich, da die Aufgaben dieser Hilfsorganisation auch sehr vielfältig sind. Sie wird eingesetzt, um bei Katastrophen zu helfen, Personen zu bergen, technische Hilfeleistung zu vollbringen und sogar Katzen von Bäumen zu holen. Der spektakulärste Feuerwehreinsatz findet bei Bränden statt. Vor allem in diesem Zusammenhang wird die Feuerwehr gerne auf Modellanlagen gezeigt.

Häuser wirken authentischer, wenn man sie etwas altert

Dieses Haus kann man in diesem Zustand bereits von Vollmer kaufen

Feuerwehrfahrzeuge werden von mehreren Herstellern angeboten. Allein die Firma Busch hat über 30 solcher Fahrzeuge für die Nenngröße Ho im Katalog. Wer gerne Einsatzfahrzeuge mit Blaulicht und Warnblinker zu den Einsätzen fahren lässt, kann diese bei Viessmann erhalten.

Natürlich gehört zu einem richtigen Brandeinsatz auch ein brennendes Haus. Der Modellbahner muss dafür nicht extra eines seiner Gebäude demolieren. Häuser mit einem beschädigten Dachstuhl befinden sich bei Vollmer für verschiedene Nenngrößen im Angebot. Dazu gehören die Größen Ho, G, N und Z. Einer großen Beliebtheit erfreut sich sicherlich auch das brennende Finanzamt für Ho. Der aufsteigende Rauch kann mithilfe von Rauchgeneratoren erzeugt werden.

Produkt	Artikel-Nr.
Viessmann Feuerwehrfahrzeug LF 16	3043
Vollmer Brennendes Haus für Größe Ho	3728
Vollmer Brennendes Haus für Größe N	7738
Vollmer Brennendes Finanzamt Ho	3785

Altern lassen

Bei den Modellbahnern ist das manchmal erwünscht, wenn ein Gegenstand älter wirkt und sich Gebrauchsspuren zeigen. Denn in der Wirklichkeit sieht man den Loks, den Wagen und den Fahrzeugen an, wenn Rost, Öl, Witterungseinflüsse oder Bremsstaub offenbaren, dass sie nicht mehr neu sind. Lastwagen sind oft verschmutzt, wenn sie Erde oder Kies transportieren, und so manches Haus benötigt längst einen neuen Anstrich. Der Modellbahner möchte die Realität nachbilden und deshalb vermeiden, dass auf seiner Anlage alles wie fabrikneu ausschaut. Wie man eine künstliche Alterung herbeiführt, soll hier gezeigt werden.
Wie wir an anderer Stelle schon gesehen haben, kann man Straßen altern lassen. Bei anderen Gegenständen ist es oft sinnvoll, bei den Vorbildern zu recherchieren, wo sich Alterungsspuren am häufigsten zeigen. Wo macht sich beispielsweise der Rost an den Stahlträgern von Brücken bemerkbar? Wo lässt sich bei Dampfloks der Ruß nieder? Fotos von den Vorbildern können sehr hilfreich sein, die Nutzungs- und Alterungserscheinungen in der Miniaturwelt nachzubilden.
Passende Patina-Farben und -Trockenpulver können von mehreren Herstellern, wie Busch, NOCH und Vollmer, bezogen werden. Rost, Ruß, Zement, Asche, Sand, Staub, Ziegelstaub, Moos und andere Verschmutzungen lassen sich mit ihnen leicht nachbilden. Bei der Anwendung werden zuerst die entsprechenden Stellen leicht mit einem Fixierspray behandelt. Danach werden die Farben gemischt, um den gewünschten Ton zu erhalten. Mit einem Stupfpinsel oder einem Wattestäbchen wird dann die Farbe aufgetragen. Zum Schluss wird die gealterte Oberfläche erneut mit dem Fixierspray besprüht, um sie zu versiegeln.

1

Die Patina-Crème von NOCH gibt es in mehreren Farben

2

Die passende Farbe wird mit dem Pinsel aufgetragen

3

Dann erfolgt das Fixieren mit dem Haft- und Fixierspray

4

Die Lok zeigt nun Nutzungs- und Alterungsspuren

Produkt	Artikel-Nr.
NOCH Haft- und Fixierspray	61152
Busch Patinier-Set	1700
NOCH Patina Pulver	61165
NOCH Patina Crème	61167

Hier errichtet die Wohnungsbaugesellschaft ein Wohnhaus

Haus im Bau

Um auf der Modellbahnanlage der Realität nahe zu kommen, zeigen viele Gebäude Alterungsspuren. Aber es werden, wie in der Wirklichkeit, auch neue Häuser gebaut. Der Hausbau ist eine beliebte Szene, weil er, ähnlich wie der Feuerwehreinsatz, außerhalb des Alltäglichen liegt. Entsprechende Bausätze werden unter anderem von Vollmer und Faller im Programm geführt. Das Angebot reicht vom kleinen Einfamilienhaus bis zum Fachwerkhaus und größeren Stadthaus. NOCH und andere Hersteller führen Bauarbeiter im Katalog, die man für seinen Hausbau auf der Anlage einsetzen kann. Das nötige Arbeitswerkzeug wird ebenfalls geliefert. Dazu gehören ein Betonmischer, eine Steinsäge, eine Mörtelkiste mit Kellen, Hohlblocksteine, ein Ramm-Max, eine Palette mit Dachschiefer, ein Metall-Rüstbock, ein Sandsieb, eine Dieselramme, eine Rüttelplatte, eine Wasserwaage und ein Mörtelsack. Um die Baustelle noch realistischer zu gestalten, kann man sich auch Baustoffe, wie Betonringe, Tonrohre, Ziegel, Rohre, Paletten mit Toilettenbecken, Betonschornsteinen, Rohren, Dämmstoffplatten, Farbbüchsen und Dachziegeln liefern lassen.
Wenn man sein im Bau befindliches Haus aufstellt, sollte man darauf achten, dass es sich nicht auf der grünen Wiese befindet. Der Boden sollte aus Erde oder Kies bestehen. Außerdem muss eine Zufahrt für die Anlieferung des Baumaterials vorhanden sein. Bei den Werkzeugen darf man ruhig Alterungs- oder Nutzungserscheinungen sehen. Wenn auf der Baustelle nicht alles so sauber ist, erhöht sich dadurch die Authentizität.

Produkt	**Artikel-Nr.**
NOCH Bauarbeiter	15110, 45110, 36110
NOCH Baustellen-Zubehör	14806, 46806
NOCH Baustoffe	14843
Vollmer Haus im Bau mit Gerüst	7739
Vollmer Fachwerkhaus im Bau	3689
Faller Kleines Haus im Bau	130246

Straßenverkehr

Der Straßenverkehr bietet eine hervorragende Gelegenheit, die Anlage mit verschiedenen Szenen zu beleben und interessant zu gestalten. Die Hersteller halten eine breite Auswahl an Verkehrsmitteln bereit. Dazu gehören neben den Personenkraftwagen auch Lastwagen, Busse, Krankenwagen, Lieferwagen, Postautos, Polizei- und Militärfahrzeuge und andere Einsatzfahrzeuge. Natürlich lässt sich nicht alles auf jeder Anlage verwenden. Es hängt von der jeweiligen Epoche, der Landschaft und der Region ab. Wer die Betrachter seiner Anlage gerne in die sechziger Jahre zurückversetzen möchte, muss auf seinen Straßen entsprechende Autos fahren lassen. Beispiele dafür wären ein Mercedes 230, ein Fiat 500 F oder ein NSU TT. Manche Hersteller geben bereits an, auf welche Epoche oder welches Jahrzehnt sich das Fahrzeug zuordnen lässt. Welche Autos auf die Straßen passen, hängt auch von der Region ab. Große amerikanische Autos, wie etwa ein Cadillac, waren seltene Ausnahmen auf europäischen Straßen. Umgekehrt wurden vor den achtziger Jahren die europäischen Pkw auf amerikanischen Verkehrswegen seltener gefahren. Selbst in Europa war der Automarkt noch stärker von nationalen Marken geprägt. Renault besaß einen großen Anteil in Frankreich und Fiat war in Italien weit verbreitet. Die japanischen Wagen setzten sich erst nach und nach durch.

Mit den Fahrzeugen lassen sich kleine Szenen darstellen: der Stau vor der Kreuzung oder dem Bahnübergang, der Autounfall, die Fahrzeugkontrolle durch die Polizei und so weiter.

Wer zu seinen Fahrzeugen die passenden Töne erzeugen möchte, kann auf Geräuschgeneratoren zurückgreifen, beispielsweise auf den „Realistic Sound“ von Busch. Das System, das mit einem eigenen Lautsprecher und Verstärker ausgestattet ist, bietet fünf abrufbare Geräusche, und zwar Autohupen, die Anlassgeräusche von Lkw, Bremsenquietschen, Laufgeräusche sowie das Martinshorn von Feuerwehr und Krankenwagen. Mittels eines digitalen Mixers können die verschiedenen Klänge miteinander gemischt werden. Ein Abrufen der Geräusche ist über Taster, Schalter, Relais, Reedkontakte oder über einen extra zu beziehenden Zufallsschalter möglich.

Produkt	Artikel-Nr.
Busch Realistic Sound: Straßenverkehr	5764

Alle Arten von Fahrzeugen kann man auf einer Straße sehen

Von Vollmer kann man eine ganze Busstation mit überdachten Wartebänken, einem Kiosk, Businseln, Bänken, Infotafeln und einer Beleuchtung beziehen

Busverkehr

Busse sind aus dem modernen Stadtbild nicht mehr wegzudenken. Ohne ihren Einsatz würden der Verkehr und das Wirtschaftsleben in den meisten Städten zusammenbrechen. Sie bringen täglich unzählige Menschen an den Arbeitsplatz und zu anderen Zielen.
Aber Omnibusse werden nicht nur im Pendlerverkehr und auf städtischen Linien eingesetzt, sie sorgen auch für Urlaubsstimmung, wenn sie Reisende an ihr Ziel bringen. Auf der Modellbahnanlage gibt es viele Möglichkeiten, Szenen im Zusammenhang mit Bussen darzustellen. Man kann eine städtische Bushaltestelle mit wartenden Menschen aufbauen oder Personen zeigen, die zur Haltestelle laufen, um den kommenden Bus zu erwischen. Vor einem Hotel kann ein Bus stehen. Er hat Gäste gebracht oder holt sie ab. Um eine Reiseszene zu zeigen, kann man einen Bus auf einen Parkplatz neben der Straße stellen. Die Fahrgäste sind gerade ausgestiegen und vertreten sich die Füße. Auch wenn man typische Touristenattraktionen oder Urlaubsziele zeigt, passt gut ein Bus mit ins Bild.
Busse werden in großer Zahl von Busch und Herpa angeboten. Man sollte aber darauf achten, dass sie in die Zeit und Region passen.

Die Wartenden machen sich bereit für den einfahrenden Bus

Traktoren im Einsatz

Auf Modellbahnanlagen, auf denen sich Bauernhöfe und Felder befinden, fehlen auch meist Schlepper nicht. Traktoren waren in Nordamerika schon vor dem Ersten Weltkrieg zu finden, in Europa tauchten sie aber so richtig erst in den zwanziger Jahren auf. Eine besondere Rolle spielte dabei der Lanz mit seinem Glühkopfmotor. Man erkennt diese „Bulldogs", wie sie genannt wurden, an den Glühköpfen, die an der Vorderseite hervorstanden. Allerdings waren es fast nur die großen landwirtschaftlichen Betriebe, die sich vor dem Zweiten Weltkrieg einen Schlepper leisten konnten. Wer also die Epoche I oder II auf seiner Anlage zum Thema hat, kann ruhig noch Pferde oder Ochsen zum Ziehen der Wagen und landwirtschaftlichen Geräte einsetzen. Die wenigen Traktoren, die damals auf den Feldern arbeiteten, waren auch zum größten Teil noch mit Eisenrädern

Ein Eicher Traktor mit Anhänger ist auf der Feldstraße unterwegs

ausgestattet. Gummiräder wurden vor allem bei Traktoren verwendet, die für Transportaufgaben vorgesehen waren.

Es war erst in den fünfziger Jahren, also in der Epoche III, als auch auf den kleinen Bauernhöfen die tierische Arbeitskraft von den Schleppern abgelöst wurde. Die meisten der damaligen Traktoren hatten noch Riemenscheiben, die für den Antrieb von Maschinen benutzt wurden. Wer eine realistische Ernteszene aus dieser Zeit nachstellen möchte, könnte sich eine Dreschmaschine, die

Zwei Fortschritt-Traktoren von Busch bei der Arbeit im Wald

von einem Traktor über die Riemenscheibe angetrieben wird, auf den Hof stellen.

In den verschiedenen Regionen Europas herrschten unterschiedliche Marken vor. In Österreich spielten Steyr, Lindner und Warchalowski eine wichtige Rolle. Viele Traktoren in der Schweiz stammten von Hürlimann und Bührer. In Italien waren Fiat, Same, Lamborghini und Landini die größten Schlepperproduzenten. Im Westen Deutschlands teilten sich Lanz, Deutz, Hanomag, Fendt, Eicher, IHC und zahlreiche kleinere Produzenten den Markt auf. In der DDR waren es die Traktoren der IFA. Wer seiner Anlage einen regionalen Anstrich geben möchte, kann dazu durchaus mit den Traktoren beitragen.

Die grünen John-Deere-Schlepper, die man heute so zahlreich auf den Feldern sieht, tauchten erst nach 1956 auf, nach der Übernahme der Lanz-Werke durch John Deere. Sie setzten sich langsam durch und liegen seit einiger Zeit im Wettbewerb um die Marktführerschaft mit den dunkelgrünen Fendt-Traktoren. Die blauen Schlepper von New Holland tauchten erst in den neunziger Jahren auf, und die hellgrünen Claas-Traktoren gibt es seit 2003.

Auf manchen Anlagen sieht man Traktoren mit glänzenden Reifen auf den Feldern stehen. Die Anwendung von Patinier-Pulver oder anderen Mitteln, mit denen man Verschmutzungs- oder Alterungseffekte erzeugen kann, würde in solchen Fällen für mehr Authentizität sorgen.

Zoo

Die Vorläufer der zoologischen Gärten, die Menagerien, kamen in Europa im ausgehenden Mittelalter auf. Sie dienten anfangs den Herrschern dazu, sich seltene Tiere zu halten, um sie den staunenden Gästen zu zeigen oder sie bei der Jagd zu erlegen. Später eröffnete man zu Zwecken der Forschung Tiergärten, die schließlich auch für das allgemeine Publikum zugänglich wurden. Heute sind sie wichtige Ausflugsziele.
Als Attraktion kann ein Zoo auch eine Modellbahnanlage bereichern. Am besten geht man beim Bau eines Miniaturtiergartens wieder von einem Vorbild aus. Welche Gehege gibt es und wie schauen sie aus? Der Besuch eines Zoos mit der Digitalkamera kann dabei sehr hilfreich sein. Nach der Recherche kommt die Planung. Auf der ebenen Grundfläche werden die Wege und die einzelnen Gehege eingezeichnet. Dann kommt die Umsetzung. Die Wege kann man aus Styropor oder Styrodur fertigen und anschließend mit Gips bestreichen.
Als nächstes werden die Gehege erstellt. In früheren Zeiten lebten die Tiere in den Zoos zwischen Betonwänden. Heute bemüht man sich, die Gehege mehr an die natürlichen Lebensräume der Tiere anzupassen. Die Löwen bekommen eine trockene Umgebung, die an die afrikanische Savanne erinnert. Zu diesem Zweck kann man wieder Gips und eine braune Farbe verwenden. Falls man Eisbären oder Robben im Zoo haben möchte, sollte man auch Wasserbecken anlegen. Für das künstliche

Die Giraffe und der Elefant können friedlich zusammenleben

Wasser gibt es, wie an anderer Stelle beschrieben, zahlreiche Produkte mehrerer Hersteller. Die Besucher werden vor den wilden Tieren durch Zäune, Mauern oder Glaswände geschützt.
Einen Teil der Arbeit kann man sich jedoch auch sparen, wenn man bereit ist, auf die individuelle Gestaltung der Gehege zu verzichten und auf das Angebot eines Herstellers zurückzugreifen. Faller bietet Zoogehege für Bisons, Pinguine, Eisbären, Rothirsche, Affen sowie einen Streichelzoo mit Ziegen und Schafen an.

Den Eisbären steht Wasser zum Abkühlen zur Verfügung

Minigolf

Der Minigolfplatz ist eine Attraktion, die auf keiner größeren Modellbahnanlage fehlen darf. Die Freizeitanlage lässt sich individuell gestalten und an die bereits vorhandene Landschaft anpassen. Auch hier steht am Anfang wieder die Recherche. Es gibt tatsächlich mehrere Arten von Kleingolfbahnen, die umgangssprachlich als Minigolf bezeichnet werden. Sie unterscheiden sich in Hinblick auf die Größe und die Anzahl der Bahnen sowie den Durchmesser des Zielkreises.

Unabhängig davon, für welche Minigolfvariante man sich entscheidet, die Bahnen lassen sich leicht aus grauem Karton zuschneiden. Für die Umrandung der Bahnen lassen sich passende Kunststoffprofile im Fachhandel finden. Falls man sie in einer bestimmten Farbe haben möchte, kann man sie vor dem Verbauen noch entsprechend lackieren.

Schließlich geht es dann ans Kleben. Die Bahnen und die Umrandungen werden mit Leim festgeklebt. Für den Rasen kann man Grasmatten oder Streugras verwenden. Einige Büsche und Blumen sorgen für Abwechslung. Natürlich dürfen auf einer Minigolfanlage auch Bäume nicht fehlen. Bei den Wegen wird zuerst eine Mischung aus Farbe und Leim aufgestrichen. Danach wird Sand darübergestreut. Damit alles hält, kommt zum Schluss noch eine dünne Schicht aus Wasser und Leim darüber.

Wenn die Minigolfanlage fertig ist, geht es darum, sie mit den passenden Figuren zu beleben. Meistens sind es Gruppen von Freunden oder Kollegen, die dort spielen. Falls die Figuren, die man hat, nicht mit der richtigen Freizeitkleidung versehen sind, kann man mit Farben etwas nachhelfen. Was auf der Minigolfanlage nicht fehlen darf, ist ein Gasthaus mit Tischen im Freien, das sich um das leibliche Wohl der Gäste kümmert.

Der Minigolfplatz kann aus verschiedenen Materialien selbst gebaut werden

Ein Radrennen mit zahlreichen Zuschauern

Sport

Die Darstellung einiger sportlicher Szenen auf der Anlage kann ohne einen großen Aufwand geschehen. Beispielsweise kann man einige Jogger durch eine Straße der Stadt oder auf einem Feldweg laufen lassen. Allerdings kam das Joggen erst in den sechziger Jahren auf und wurde erst in den Siebzigern zum Massensport. Wer eine frühere Epoche auf seiner Anlage verwirklicht hat, sollte bedenken, dass zu Zeiten, als die meisten Menschen noch körperlich arbeiten mussten, das Bedürfnis nach einer sportlichen Betätigung gering war.
Zu den leicht darzustellenden Sportereignissen

Der Tennisplatz mit vielen Details ist bei Busch erhältlich

gehört das Radrennen. Außer den Radfahrern benötigt man dafür am Straßenrand stehende Zuschauer, unter Umständen Feuerwehrmänner oder Polizisten, die für das Absperren der Straßen zuständig sind, und Sanitäter, die im Notfall eine verletzte Person ins Krankenhaus fahren können. Auf die Straße kann man mit weißer Farbe Namen bekannter Radrennfahrer schreiben.
Wer gerne Ereignisse auf Sportplätzen darstellen möchte, kann diese selber bauen oder von einem Hersteller beziehen. Busch bietet einen Tennisplatz mit zwei Tribünen, einen Schiedsrichter-Hochsitz, einen Zaun, Tore, ein Netz, Tennisbälle und andere Ausstattungen an. Auch ein fertiges Fußballstadion mit Tribünen, Toren, Umzäunung, einem Kassenhäuschen, einer Imbiss-Verkaufsbude und anderem Zubehör kann von Busch bezogen werden.

Produkt	Artikel-Nr.
Vollmer Jogging-Gruppe	2226
Busch Stadion	1051
Busch Tennisplatz	1056

Auf diesen Berg lässt sich mit der Titlis-Bahn fahren

Seilbahn

Ein Berg mit Seilbahn bietet einen imposanten Anblick. Aber der Eigenbau einer Seilbahn ist nicht einfach. Die Berg- und die Talstationen kann man zwar selber erstellen, auch die Seilzüge und die Gondeln würde der technisch nicht so versierte Modellbahner noch hinkriegen, aber für die Antriebstechnik, zu der ein Motor, ein Getriebe und Rollen zum Umlenken zählen, ist schon ein größeres Know-how nötig.
Die Firma BRAWA bietet jedoch mehrere Bausätze für Seilbahnen an. Dazu gehört ein Nachbau der Nebelhornbahn, die auf den Hausberg des Allgäuer Kurorts Oberstdorf führt. Eine weitere Seilbahn, die von BRAWA angeboten wird, ist die Titlis-Bahn, die sich in dem schweizerischen Kurort Engelberg befindet. Der Boden rotiert bei der Gondel, um den Fahrgästen eine sich ständig ändernde Aussicht zu bieten. Eine dritte Nachbildung ist die Kanzelwandbahn im Kleinwalsertal. Außerdem stehen ein Sessellift und eine Lorenseilbahn zur Auswahl. Für alle Bausätze werden der Motor und die Steuerung mitgeliefert.

Auch am Fuß des Berges steht eine Station

Produkt	Artikel-Nr.
BRAWA Nebelhornbahn	6340
BRAWA Nebelhornbahn-Gebäudesatz	6341
BRAWA Titlis-Bahn	6330
BRAWA Kanzelwandbahn	9713
BRAWA Sessellift	6271
BRAWA Lorenseilbahn	6210, 6211

Die Leimfarbe von Auhagen eignet sich, um die Landschaft mit einem winterlichen Weiß zu überziehen

Winter

Wer seine Anlage nur vorübergehend in Weiß kleiden möchte, kann dazu den Pulverschnee von NOCH verwenden. Er lässt sich mit einem normalen Küchensieb über der Landschaft in den gewünschten Mengen verteilen. Wenn der Schnee nicht mehr erwünscht ist, kann man ihn problemlos mit dem Staubsauger wieder absaugen. Zum Erschaffen einer dauerhaften Winterlandschaft wird zuerst der Untergrund mit einem Fixierspray eingesprüht. Dann wird der Pulverschnee darübergestreut, und am Ende wird mit einem erneuten Aufsprühen des Fixiersprays für Halt gesorgt. Eine dauerhafte Schneeschicht kann man auch mit dem NOCH Strukturschnee erzeugen. Die streichfähige Masse eignet sich gut dazu, eine dicke Schneeschicht über der Landschaft auszubreiten.
Von Auhagen wird eine Leimfarbe für die Wintergestaltung angeboten. Sie eignet sich ebenfalls dafür, eine dauerhafte Winterlandschaft zu schaffen. Um das Glitzern der Schneekristalle im Sonnenlicht nachzuahmen, kann die Schneedecke mit dem Winterzauber von Auhagen bestreut werden.
Von Busch gibt es ein Schnee-Spray, mit dem man die Landschaft, die Häuser und Bäume mit einer weißen Schicht überziehen kann. Für glitzernden Schnee sorgt das Schneepulver von Busch, das auch mit Wasser verrührt und wie Geländebaumörtel verwendet werden kann.

Mit dem Pulverschnee von NOCH kann man eine glitzernde Winterlandschaft erzeugen

Produkt	Artikel-Nr.
NOCH Pulverschnee	08750
NOCH Haft- und Fixierspray	61152
NOCH Strukturschnee	61164
Auhagen Leimfarbe weiß	77035
Auhagen Winterzauber	77033
Busch Geländebau-Spray, Schnee	7001
Busch Glitzernder Schnee	7171

Häfen

Hafen wecken oft widersprüchliche Assoziationen. Manche verbinden mit ihnen Seefahrtromantik und Fernweh, andere denken dabei an Ladearbeiten und Lärm oder gar düstere Hafenspelunken. Ein Blickfang ist ein gut gemachter Hafen auf der Anlage in jedem Fall. Der romantische Aspekt lässt sich leicht mit einer Hafenkneipe, in der sich Fischer und Hafenarbeiter treffen, umsetzen. Aufwendiger ist die industrielle Seite des Hafens. Dazu braucht man Kräne, Container und Schiffe.

Container-Kräne können von der Firma Vollmer für die Nenngrößen Ho und N bezogen werden. Container werden beispielsweise von der Adam-Modellbau GmbH angeboten. Man kann sie jedoch auch selbst aus Papier zusammenkleben. Die Interessengemeinschaft Schiffsmodellbau Hansa (IGS Hansa) bietet zu diesem Zweck eine große Auswahl an Bastelbögen für die Nenngrößen Ho, N und Z an. Die Bastelbögen befinden sich als PDF-Dateien auf der Website der IGS Hansa und können heruntergeladen werden. Beim Ausdrucken sollte man eine möglichst große Papierstärke verwenden. Um die Stabilität der Container zu erhöhen, kann man sie nach dem Zusammenbau noch mit Klarlack aus dem Baumarkt besprühen. Um das Wasser zu kreieren, kann man beispielsweise die See-Folie der Firma NOCH verwenden. Manche benutzen auch einfach eine Raufasertapete, malen sie entsprechend an und geben zum Schluss eine Schicht Klarlack darüber. Beim Hafenwasser sollte man bedenken, dass es nicht so blau ist wie in Bächen oder Seen, sondern eher grün-bräunlich oder schmutzig-grau.

Produkt	Artikel-Nr.
Vollmer Container-Kran für Ho	5620
Vollmer Container-Kran für N	7905
Bastelbögen der IGS Hansa Bremen	http://www.igshansa.de/igsorg.html
NOCH See-Folie	60850

Am Hafen ist immer etwas los

Seine Wagen kann man mit einer Vielzahl von Materialien beladen

Auch für die Schiffe stehen Ladegüter zur Verfügung

Ladegüter

Die Eisenbahn ist nicht nur im Personenverkehr von Bedeutung, sie spielt auch eine wichtige Rolle beim Gütertransport. Aufgrund der Belastung durch den Lkw-Verkehr wird der Ruf, Güter auf die Schiene zu bringen, immer wieder laut.

Zu den Gütern, die mit der Eisenbahn transportiert werden, gehören Holz und Baumaterialien, Schüttgüter, Stückgut, technische Produkte und Flüssigkeiten. Viele der Ladegüter kann der Modellbahner selbst herstellen. Wer jedoch auf fertige Ladegüter zurückgreifen möchte, kann sie auch im Handel beziehen. Die Firma Ladegüter Bauer hat sich der Herstellung besonders realistisch und filigran gestalteter Produkte für die Nenngrößen Ho und N verschrieben. Dazu gehören beispielsweise Rundstahl, Eisenröhren, Oberleitungsmasten, Tankbehälter, Stahlbrammen, Transportbandrollen, Blechcoils, T-Träger, Alucoils und Peinerträger. Auch offene Container mit Metallschrott, Motorenschrott, Altreifen und Holzstämmen sind erhältlich.

Man sollte beim Beladen unbedingt darauf achten, die Wagen nur für ihren festgelegten Verwendungszweck heranzuziehen.

Mit dem Zubehör von Ladegüter Bauer kann man ganze Lagerhallen ausstatten

Nach einem Vorbild gestalten

Bahnhof Hochzoll der MIGA

Der Bahnhof Hochzoll noch ohne Lärmschutzwand...

...und im Modell nach Originalplänen

Der Bundesverband deutscher Eisenbahnfreunde (BDEF) ist die offizielle Vereinigung der verschiedenen Modellbahnclubs, die in der ganzen Republik verteilt sind. Gründungsmitglied mit der Mitgliedsnummer 1 ist die Modellbahn-Interessen-Gemeinschaft Augsburg (MIGA), die 2009 ihr sechzigjähriges Bestehen feiert. Augsburg – auch wenn es jetzt vom „großen" Bahnverkehr immer mehr abgehängt wird – hat eine lange Tradition als Eisenbahnknoten. Hier steht das älteste noch in Betrieb befindliche Empfangsgebäude Deutschlands. Hier kreuzten sich Strecken aus allen Himmelsrichtungen. Hier ist heute der Bahnpark, dessen Bekanntheitsgrad sich ständig erhöht.

Auf der stationären Roco-Anlage der MIGA findet man die auch eisenbahntechnisch sehr interessante Nachbildung des Hochzoller Bahnhofs, eines Keilbahnhofs im Osten Augsburgs, hinter dem sich die Strecken nach München und Ingolstadt trennen. In die beiden Richtungen führt die Trasse zu Wendegleisen. Die Eisenbahngebäude wurden nach den originalen Bauplänen aus Holz nachgebaut. Daneben stehen Wohnhäuser, die denen der unmittelbaren Nachbarschaft nachempfunden sind. Allerdings ist das Original des Bahnhofs heute nach dem Umbau in einem ganz anderen Zustand. Schallschutzwände versperren die Sicht. So bleibt das Modell ein realistisches Abbild aus vergangener Zeit, das heute noch lebt.

Eine Besonderheit ist das Spurplanstellwerk des Bahnhofs Hochzoll. Der Stelltisch ist aus Siemens-Tischfeldern aufgebaut und weist alle Funktionen eines Dr-S2-Stellwerks im Vorbild auf. Auch die Lichtsignale sind der Realität nachempfunden.

Der Augsburger Hochablass

Was den Berlinern der Wannsee, ist den Augsburgern ihr Kuhsee. Zum Ensemble dieses Erholungsraumes im Osten der Stadt gehört auch der Hochablass am Lech. Das Wehr ist heute in der Form des Wiederaufbaus nach dem schweren Hochwasser von 1910 erhalten. Wahrzeichen dieser Wehranlage ist das weiße Getriebehäuschen mit seinem Glockenturm. Bei schönem Wetter ist der 145 Meter lange Laufweg über die Wehre voller Ausflügler. Nicht weit davon in nördlicher Richtung verläuft die Bahnlinie nach München auf einer Stahlbrücke, die den Lech mit einer Spannweite von knapp 88 Metern überquert.

Im Modell wurden der Hochablass und die Eisenbahnbrücke etwas näher zusammengerückt. Die etwa einen Meter lange Brücke wurde nach Originalplänen in Gemischtbauweise aus Metall, Holz und Karton erstellt, auch das Getriebehäuschen wurde dem echten Gebäude nachempfunden. Sehr gut wurden die Kiesbänke im Lech modelliert, die schon Bert Brecht besungen hat.

In unmittelbarer Nähe befindet sich auf der Anlage übrigens der Augsburger Tiergarten, der inzwi-

Das liebevoll gestaltete Modell mit Lechbrücke

Augsburger Ausflugsziel Hochablass

schen in „Zoo" umbenannt wurde. Er hat eine weitere interessante Nachbildung zu bieten, nämlich die Holzhütte auf der Krone des Damms der ehemaligen Goggelesbrücke, einem Wehr des Nachbarflusses Wertach, das nach dem Hochwassser von 1999 abgerissen wurde. Dieses Dach mit dem namengebenden Gockel, einem Wetterhahn auf dem First, wurde im Zoo wieder aufgestellt.

St. Libéral de Draveil

Hier heißt es, nach einem Vorbild gestalten, aber diese Anlage ist doch eigentlich phantasiert? Nun ja, so stimmt das nicht ganz. Der Club de Modélisme de Draveil aus einer Kleinstadt vor den Toren von Paris hat es unternommen, ein erfundenes Dorf, das von einer Schmalspurbahn durchzogen wird, in Ho zu gestalten. Aber: St. Libéral, so der Name dieses Ortes, der im Limousin, einer Region im Massif Central von Frankreich liegt, hat es doch gegeben: Es ist einer der wichtigsten Orte in mehreren Romanen des Schriftstellers Claude Michelet.

Die Modulanlage, mit der die Clubmitglieder auch international unterwegs sind, birgt viel Liebe zum Detail. Einer der Höhepunkte ist der veränderbare Marktplatz. Der kann gedreht werden, und schon ist der belebte Wochenmarkt verschwunden und

Die Goggelesbrücke im MIGA-Zoo

Typische Szene der französischen Provinz

ein Zirkus mit Zelt, Wagen und Tieren zieht die Bevölkerung an. Eine faszinierende Idee, die zeigt, wie man aus wenig Raum viel herausholen kann. Auf der Straße erkennt man die Renaults, Citroëns und Peugeots der fünfziger Jahre mit ihrem Charme zwischen Bourvil und Jean Gabin. Typisch französische Häuser und natürlich das Rollmaterial der erfundenen Gesellschaft der Eisenbahnen des Limousin (CFL) schaffen eine Atmosphäre, die jene verschlafene Geschäftigkeit der gallischen Provinz vor über fünfzig Jahren wieder aufleben lässt. Jede Menge gibt es zu entdecken: Boulespieler, eine Werkstatt, die rollenden Schiebeschranken, und außerhalb der Ortschaft eine zerklüftete Landschaft, die der Eisenbahn einen Viadukt beschert hat. St. Libéral ist eine erträumte Künstler-Realität, gekonnt ins Modell umgesetzt. Vive la France!

Ein literarischer Ort wurde im Modell Realität

Dem Vorläufer des Rhein-Main-Donau-Kanals begegnet man in Oberbayern und Franken noch vielerorts

König-Ludwigs-Kanal

Der bayerische König Ludwig I. hat das Verdienst, die erste deutsche Eisenbahn genehmigt zu haben. Die Bahn, die 1835 zum ersten Mal von Nürnberg nach Fürth fuhr, bekam den Namen Ludwigsbahn. Auch in der Architektur zeigte der Wittelsbacher Flagge. Die berühmte Walhalla und die Befreiungshalle bei Kelheim gehen auf seine Initiative zurück. Die Stadt Ludwigshafen in der Pfalz hat er gegründet und – er hat den nach ihm benannten Kanal zwischen 1835 und 1845 graben lassen. Er verband den Main über die Regnitz bis nach Bamberg und über Forchheim, Erlangen und Fürth nach Nürnberg, von da durch den Fränkischen Jura und über Neumarkt in der Oberpfalz in die schiffbar gemachte Altmühl und endete bei Kelheim in der Donau. Er ist somit der kleinere Vorläufer des Rhein-Main-Donau-Kanals. Ein kleines Stück der 176 Kilometer langen Wasserstraße, nämlich eine Schleuse, bildet das Modell ab.

Sehenswert bei dieser Nachbildung ist der realistische unterschiedliche Wasserspiegel. Die Farbe des Wassers und die Struktur der Wellen wirken sehr lebensecht. Die Form der Schleusentore und das Mauerwerk wurden gut beobachtet.

Man sieht, dass nur kleine Treidelschiffe diesen Kanal befahren konnten, weshalb sein wirtschaftlicher Wert verloren ging. Was bleibt, ist ein hochinteressantes Technikdenkmal in einer faszinierenden Landschaft.

Der Nachbau im Modell mit einem Treidelschiff

Das Deutsche Eck in Koblenz

Bevor Wilhelm I. Deutscher Kaiser wurde, hatte er einige andere Berufe. Einer davon war der als Militärgouverneur der preußischen Provinzen am Rhein und in Westfalen. Zu diesem Zweck residierte er zwischen 1850 und 1858 in Koblenz. Dann zog er nach Berlin um, um seinen Bruder auf dem Thron zu vertreten. Als nach dem Tod Wilhelms in Deutschland der Wunsch aufkam, dem Einigungskaiser ein Denkmal zu errichten, plädierte sein Enkel Wilhelm II. für Koblenz.

Bruno Schmitz, der später auch das Völkerschlachtdenkmal in Leipzig baute, war der Architekt des Bauwerks am Zusammenfluss von Rhein

und Mosel. Auf der Plattform des 23 Meter hohen Sockels thronte ein Reiterstandbild Wilhelms I. 1945 wurde es zerstört und kehrte erst nach der Wiedervereinigung in einer Nachbildung auf seinen alten Platz zurück, den in der Zwischenzeit die Deutschlandflagge gehütet hatte.
Das sehr detailliert gestaltete Modell ist ein Blickfang der Modellbahnanlage in Oberstaufen. Es kann zwar nicht mit einem echten Wilhelm dienen, sondern eher mit einem römischen Kaiser, dafür mit einer sehr gelungenen Nachbildung des Denkmals und der Stadt Koblenz. Man erkennt sofort die Kastorkirche und den Turm des Deutschherrenhauses. Eine schöne Promenade zieht sich am Ufer der Mosel entlang. Gegenüber dem Denkmal, auf der anderen Seite des Rheins, findet man die Festung Ehrenbreitstein wieder, zu der das Reiterstandbild hinaufgrüßt. Den Vorplatz des Denkmals bevölkern ganz lebensecht Touristen, Spaziergänger und andere Erholungssuchende. Nicht weit vom Deutschen Eck entfernt liegt der alte Hauptbahnhof des ehemaligen Regierungssitzes Bonn, der als Modell von der Firma Faller umgesetzt wurde.

Die Loreley und das Mittelrheintal

2002 ist das obere Mittelrheintal von der UNESCO zum Weltkulturerbe erklärt worden. Das darf nicht verwundern, denn schon die Romantiker konnten sich auf der Welt keinen schöneren Ort vorstellen. Hier wurde das Mittelalter mit seinen Burgen wieder lebendig. Hier wohnte hoch oben auf einem Felsen die schöne Loreley, der man aber nachsagte, sie hätte die nach Liebe lechzenden Schiffer dazu verführt, in den gefährlichen Strudeln ihr Leben zu riskieren.
Dieser 125 Meter hohe Fels lädt den Modellbahner zur Umsetzung ein. Vorbildgerecht fährt der Zug in einen Tunnel ein und unterquert den Fels, während die Autostraße am Rheinufer entlang verläuft. Der bauchige, steile und nur spärlich bewachsene Fels ist sehr genau umgesetzt worden. Oben am Berg erkennt man das Festspielhaus der Loreley. Die Flussschifffahrt hatte auf dem Rhein immer eine besonders große Bedeutung. So wundert es nicht, wenn man auch im Modell einige Transportschiffe schippern sieht. Mitten im Fluss steht die Burg Pfalzgrafenstein in einer gelungenen Nachbildung.
Auf der anderen Seite des Flusses wurde ein Zeltplatz errichtet, der eine der schönsten Aussichten bietet, die man sich nur wünschen kann. Dort parken vor allem Wohnmobile. Auch dieser Platz ist im Modell nachgebildet worden und zeichnet ein Urlaubsidyll, das man noch in den achtziger Jahren ganz unbedrängt ausleben konnte. Ebenfalls der Realität entsprechend werden beide

Der Modellberg in der Miniwelt Oberstaufen

Die Loreley ist noch heute sagenumwoben

Das Deutsche Eck in detaillierter Nachbildung ...

... und zum Vergleich das Original

Rheinufer befahren. Hier verkehrte früher der berühmte „Rheingold"-Zug. Die Rheinstrecke hat nach der Eröffnung der Neubaustrecke Frankfurt – Köln viel von ihrer Bedeutung verloren, doch an Attraktivität hat sie nichts eingebüßt.

Mosel

Wer den Namen Mosel hört, denkt an Schiffsfahrten, an weinselige Abende und an eine traumhafte Landschaft, die dazu einlädt, auf Entdeckungsreise zu gehen. Entlang der Mosel verläuft auch eine der schönsten Bahnstrecken in Deutschland. Bis 1987 hatte sie außerdem den längsten Eisenbahntunnel Deutschlands, den 4.205 Meter langen Kaiser-Wilhelm-Tunnel, aufzuweisen. Dank der nötigen Uferwechsel können wir bei Bullay eine verkehrstechnisch in Deutschland einzigartige Lösung finden. Die doppelstöckige Brücke führt unter dem Schienenweg eine Autostraße über den Fluss. Von ihr kann der Modellbahner lernen, dass fehlender Platz kein Grund sein muss, hochfliegende Pläne fallen zu lassen.

Schöner Park am Ufer der Modellmosel

Ebenso ein technisches Meisterwerk ist der 786 Meter messende Pündericher Hangviadukt – in ganz Deutschland findet man keinen längeren. Wegen des losen Untergrunds war seine Fertigstellung im Jahr 1880 als Meisterleistung gefeiert worden. Auch die Umsetzung ins Modell, die in der Miniwelt Oberstaufen zu bewundern ist, verdient dieses Attribut. Wenn man eine der schönen Reisegarnituren den Viadukt befahren sieht, wird man sich der majestätischen Länge solcher Züge erst richtig bewusst.
Endziel der Moselreise ist Trier, das im Modell zusammen mit seinem historischen Bahnbetriebswerk die lebhafte Atmosphäre eines großen Hauptbahnhofes widerspiegelt.

Die Gestaltung einer Anlage nach einem echten Vorbild ist eine aufwendige Arbeit. Wichtig sowohl bei solchen Unternehmungen als auch schon bei einer kleinen Anlage für den Hausgebrauch ist: Man sollte die Umgebung beobachten, sich interessante Wahrnehmungen notieren und darauf achten, wie bestimmte Ereignisse ablaufen. Alles, was man über die echte Eisenbahn in Erfahrung bringen kann, lohnt sich irgendwann bestimmt. Augen auf, Hintergrundwissen sammeln, Kreativität und Einfühlungsvermögen entwickeln – dann ist der Weg frei zur Top-Modellbahn. Viel Erfolg!

Das Moselufer bei Koblenz

9. Pflege und Tipps

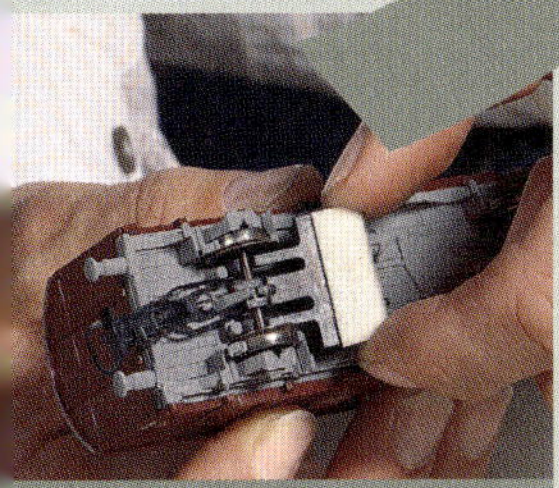

9. Pflege und Tipps

Pflege der Anlage

Nachdem der Modellbahner seine Anlage erstellt hat, die Züge auf den Schienen fahren, in der Landschaft Gras und Bäume wachsen und die Straßen mit Fußgängern und Verkehr belebt sind, hat die Arbeit noch kein Ende gefunden. Denn nun geht es darum, die Anlage im gewünschten Zustand zu erhalten.

Vor allem das rollende Material bedarf wegen seiner beweglichen Teile und der empfindlichen Motoren sorgfältiger Pflege. Die Achsen, das Getriebe und die anderen Antriebsteile sollten in der richtigen Menge, das heißt, nicht zu viel und nicht zu wenig, geschmiert werden. Für die schnell laufenden Teile eignet sich Öl besser, für die langsam laufenden dagegen eher Fett. Von verschiedenen Herstellern werden speziell für Modellbahnen bestimmte Schmiermittel im Fachhandel angeboten. Ein Tropfen dieser Öle reicht oft schon. Zum punktgenauen Auftragen dient meist eine Hohlnadel. Manche Modellbahner benutzen Nähmaschinen- oder Gewehröl für ihre Loks. Wichtig ist beim Öl, dass es säure- und harzfrei ist.

Von verschiedenen Herstellern, wie Roco oder Trix, werden auch Spezialfette für die Modellbahnen angeboten. Alternativ dazu wird von manchen Modellbahnern technische Vaseline verwendet. Beim Schmieren und Ölen sollte darauf geachtet werden, dass die Radflächen nichts davon abbekommen.

Zur Pflege der Anlage gehört auch, sie vor schädlichen Einflüssen zu schützen. Staubbildung und Temperaturschwankungen sollten vermieden werden. Bei Räumen mit hoher Luftfeuchtigkeit ist die Anschaffung eines Luftentfeuchters ratsam.

Reinigung der Anlage und der Züge

Selbst bei der besten Pflege der Anlage ist es nicht zu vermeiden, dass sich Staub niederlässt, die Gleise oxidieren, an den Zügen die Anzahl der Fingerabdrücke zunimmt, sich an den Rädern und in den Getrieben Öl und Schmutz ansammeln. Wenn die Loks nur noch stockend vorwärts kommen, anstatt in dem gewünschten Tempo über die Gleise zu fahren, ist es Zeit für eine Reinigung.

Um einen Notfall zu vermeiden, sollte man seine Anlage regelmäßig pflegen und reinigen

Die Anlage selbst lässt sich durch den vorsichtigen Einsatz eines Staubsaugers vom Staub befreien. Wo er festsitzt, kann mit einem Pinsel nachgeholfen werden. Auch ein Airbrush-Kompressor kann dabei wertvolle Dienste leisten.

Die Reinigung des fahrbaren Materials erfolgt äußerlich mit einem Malerpinsel oder einem Tuch. An empfindlichen Stellen sollte ein weicherer Pinsel verwendet werden. Hilfsmittel können verschiedene Reinigungsmittel sein, wie Kunststoffreiniger, Glasreiniger, Alkohol und so weiter.

Bei der Reinigung der Schienen sollte man darauf achten, dass die Oberfläche nicht angegriffen wird. Falls kleine Kratzer entstehen, kann sich dort Schmutz ansammeln und verstärkt zur Verunreinigung beitragen. Deswegen sollte auf keinen Fall Schmirgelpapier verwendet werden. NOCH bietet einen Reinigungsblock an, mit dem sich ölige Verschmutzungen und Oxidationsspuren wegradieren lassen. Für die automatisierte Schienenreinigung bieten die meisten Hersteller von Rollmaterial Wagen mit Schleif- und Reinigungseinrichtungen an. Damit kann man die Pflegearbeit mit dem Fahrspaß verbinden. Eine ähnliche Funktion erfüllen die Reinigungszwerge von NOCH, die an die Achsen gesteckt werden. Es handelt sich dabei um Plastikclips mit einem Reinigungsvlies, das bei der Fahrt über die Schienen gezogen oder geschoben wird.

Viessmann bietet ein Lokreinigungsspray, das Öl, Fett und Schmutz entfernt

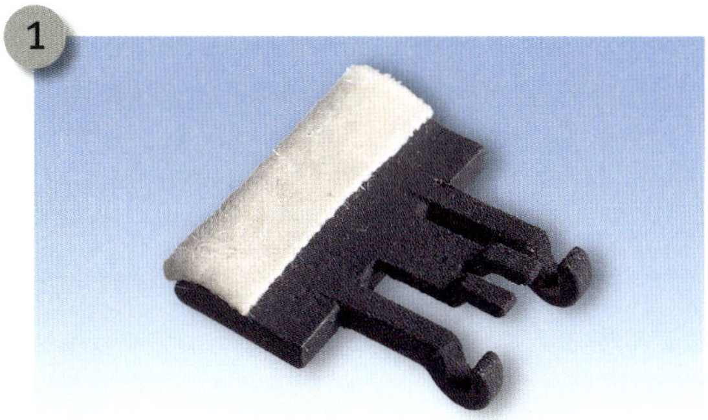

Ein Reinigungszwerg dient zum Sauberhalten der Gleise

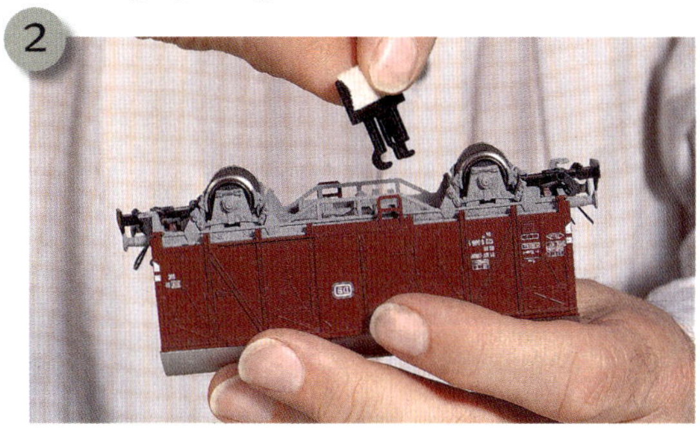

Der Zwerg wird in die Achse eines Waggons geklipst ...

... und in die gewünschte Richtung gedreht, ...

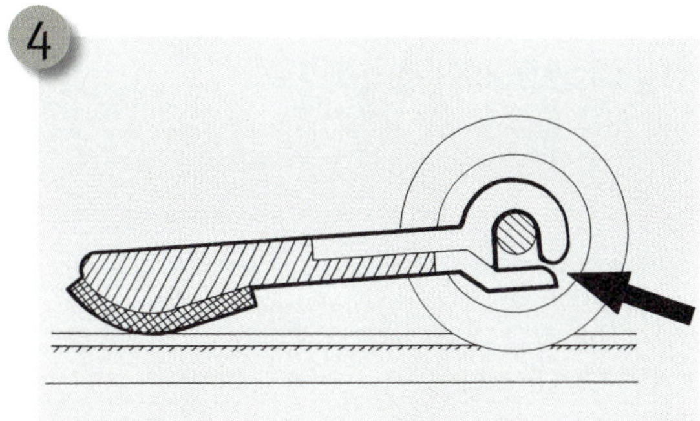

... damit er die Schienen während der Fahrt reinigen kann

Der Wagen wird auf die Schienen gesetzt ...

... und los geht die Reinigungsfahrt

Verölte Stellen an den Radlaufflächen können mit Wattestäbchen gereinigt werden. Manchmal ist es nötig, die Lok oder die Wagen von Fusseln oder anderen Rückständen zu befreien. Dazu eignet sich eine Pinzette. Wenn Loks zu lange ungenutzt gestanden sind, kann es sein, dass das Öl verharzt ist. In diesem Fall ist ein Zerlegen der Lok notwendig. Das alte oder verharzte Öl kann mit Lösungsmitteln oder Alkohol entfernt werden. Ein Airbrush-Kompressor kann hier zum Entfernen der Schmutzteile wieder sehr hilfreich sein. Zum Schluss muss die Lok wieder leicht geölt werden.

Produkt	Artikel-Nr.
NOCH Reinigungsblock	60140
NOCH Reinigungszwerg	60157, 60158, 60159

Adressen von Anbietern

ASOA
Inh. Klaus Holl
Postfach 440140 • 80750 München
Tel.: 089-332840
www.asoa.de
info@asoa.de

Auhagen
Hüttengrund 25 • 09496 Marienberg
Tel.: 03735-668466
www.auhagen.de
info@auhagen.de

Busch GmbH & Co. KG
Heidelberger Straße 26 • 68519 Viernheim
Tel.: 06204-6007-0 • Fax: 06204-6007-19
www.busch-model.com
info@busch-model.com

Brawa
Uferstraße 26-28 • 73625 Remshalden
Tel.: 07151-97935-35
www.brawa.de-Brawa-Modelleisenbahn.html
k.braun@brawa.de

Gebr. Faller GmbH
Postfach 1120 • 78148 Gütenbach
Tel.: 07723-651-114
www.faller.de
m.lang@faller.de

Heki Kittler GmbH
Am Bahndamm 10 • 76437 Rastatt-Wintersdorf
Tel.: 07229-181715
www.heki-kittler.de

Kibri Spielwarenfabrik GmbH
Hörschweilerstraße 1 • 72296 Schopfloch
Tel.: 07443-96750
www.kibri.com
info@kibri.com

Ladegüter Bauer
Dieter Bauer • Kirchenstraße 6
93142 Maxhütte-Haidhof
Telefon: 09471-20841 • Fax: 09471-31351
www.ladegüter-bauer.de
service@ladegüter-bauer.de

NOCH GmbH & Co. KG
Lindauer Straße 49 • 88239 Wangen im Allgäu
Tel.: 07522-9780-0 • Fax: 07522-9780-80
www.Noch.de und www.Noch.com
Info@Noch.de

Piko
96515 Sonneberg • Tel.: 03675-8972-42
www.piko.de/d/index.php
info@piko.de

Kleinkunst-Werkstätten Paul M. Preiser GmbH
Postfach 1233 • 91534 Rothenburg ob der Tauber
Tel.: 09861-94800
www.figuren.de
info@preiserfiguren.de

Sommerfeldt Eisenbahn-Modelle GmbH
Friedhofstraße 42 • 73110 Hattenhofen
Tel.: 07164-3195 • Fax: 07164-5786

Uhlenbrock Elektronik GmbH
Mercatorstraße 6 • 46244 Bottrop
Telefon: 02045-85830
www.uhlenbrock.de
info@uhlenbrock.de

Viessmann Modellspielwaren GmbH
Am Bahnhof 1 • 35116 Hatzfeld
www.viessmann-modell.de
info@viessmann-modell.de

Vollmer GmbH & Co. KG
Porschestraße 25 • 70435 Stuttgart
Tel.: 0711-82009-0 • Fax: 0711-82009-39
www.vollmer-online.de
info@vollmer-online.de

Modellbahnvereine und -gemeinschaften in Deutschland, Österreich und der Schweiz

Dachverbände

Modellbahnverband in Deutschland e.V.
Kapitelstraße 70 • 41460 Neuss
Tel.: 02131-222220 • Fax: 02131-23206
Internet: www.moba-deutschland.de
E-Mail: f-j.kueppers@moba-deutschland.de

Verband der Modelleisenbahner und Eisenbahnfreunde Europas (MOROP)
c/o Michel Broigniez
21, Op Kraizfelder • L-9142 Bürden
Großherzogtum Luxemburg
Internet: www.morop.eu
E-Mail: infomorop@morop.eu

Bundesverband Deutscher Eisenbahn-Freunde e.V.
Postfach 11 40 • 30011 Hannover
Tel.: 05035-188986 • Fax: 05035-188987
Internet: www.bdef.de
E-Mail: bdef@bdef.de

Verband Österreichischer Modell-Eisenbahn-Clubs (VOEMEC)
c/o Herrn Gerhard Caravias
Hugo-Wolf-Straße 35 • A-4020 Linz
Österreich
Internet: www.voemec.at

Schweizerischer Verband Eisenbahn-Amateur SVEA
Rudolf Steinmann
Eschenstraße 31 • CH-6023 Rothenburg
Schweiz
Internet: www.svea-asea.ch
E-Mail: info@svea-asea.ch

Überregionale Vereine

Freundeskreis Europäischer Modellbahner – FREMO e.V.
Postfach 100 536 • 64205 Darmstadt
Internet: www.fremo-net.eu
E-Mail: vorstand@fremo-net.eu

Interessengemeinschaft Modelleisenbahn Spur II e.V.
Rhönstraße 24 • 36251 Bad Hersfeld
Internet: www.spur-ii.de
E-Mail: vorstand@spur-ii.de

Internationale Arbeitsgemeinschaft Modellbahnbau Spur 0 e.V.
c/o Peter Merz
Postfach 15 05 • 73405 Aalen
Internet: www.argespuro.de
E-Mail: vorstand@argespuro.de

GermaNTRAK e.V.
Hofstraße 25 • 71711 Steinheim
Internet: www.germantrak.de

Regionale Vereine (Auswahl)

Modelleisenbahn- und Eisenbahnfreunde Halle-Stadtmitte e.V.
SKZ Pusteblume
Zur Saaleaue 51a • 06122 Halle (Saale)
Tel.: 0345-6902033

Dampflokfreunde Berlin e.V.
Postfach 90 02 11 • 12402 Berlin
Internet: www.dampflokfreunde-berlin.com

Eisenbahnfreunde Friesland e.V.
Glettkauer Weg 8 • 26388 Wilhelmshaven
Tel.: 04421-569652
Internet: www.eisenbahnfreunde-friesland.de
E-Mail: juergen.rode@eisenbahnfreunde-friesland.de

Eisenbahnfreunde Hannover e.V. – EFH
Postfach 17 40 • 30017 Hannover
Tel.: 0511-526863 • Fax: 0511-4378314
Internet: www.eisenbahnfreunde-hannover.de
E-Mail: email@eisenbahnfreunde-hannover.de

Regionale Vereine (Auswahl) *Fortsetzung*

Modell-Eisenbahn-Club Essen und Umgebung e.V.
46240 Bottrop • Sydowstraße 37
Telefon/Fax: 02041-94494
Internet: www.mec-essen.de
E-Mail: info@mec-essen.de

Modellbahnfreunde Niederrhein e.V.
Rheinstraße 8 • 46483 Wesel
Tel.: 0281-1642960 • Fax: 0281-1642961
Internet: www.modellbahnfreunde.de
E-Mail: g.rohpeter@modellbahnfreunde.de

Grafschafter Modell- und Eisenbahn-Club e.V.
Königsberger Straße 43 • 49828 Neuenhaus
Telefon: 05921-93230
Internet: www.graf-mec.de
E-Mail: graf-mec@graf-mec.de

Modell- und Eisenbahn-Club Osnabrück-Wallenhorst e.V.
Postfach 14 08 • 49128 Wallenhorst
Tel.: 0170-5529692

Modelleisenbahnfreunde Idar-Oberstein e.V.
55743 Idar-Oberstein • Bebelstraße 23
Tel.: 06781-23195
Internet: www.mefio-ev.de
E-Mail: info@mefio-ev.de

Modell-Eisenbahn-Club Limburg-Hadamar e.V.
Bahnhofstraße 30 • 65549 Limburg an der Lahn
Internet: www.mec-limburg.de
E-Mail: info@mec-limburg.de

Modelleisenbahnclub Stuttgart e.V.
Franz-Arnold-Straße 54 • 70736 Fellbach
Internet: www.mec-stuttgart.de
E-Mail: mec-stuttgart@gmx.de

Eisenbahn-Club Öhringen e.V.
74632 Neuenstein • Schwabstraße 8
Tel.: 07942-946640 • Fax: 07942-9466419
Internet: home.vrweb.de/eisenbahnclub-oehringen
E-Mail: grossaxel@gmx.de

Eisenbahnfreunde Pforzheim e.V.
75180 Pforzheim • Belremstraße 70
Internet: www.eisenbahnfreunde-pforzheim.de
E-Mail: mail@eisenbahnfreunde-pforzheim.de

MECOB Modelleisenbahnclub Oberes Bregtal e.V.
78120 Vöhrenbach • Sommerbergstraße 22
Tel.: 07727-7234 • Fax: 07727-919476
E-Mail: johann.pfaff@t-online.de

Modelleisenbahn-Club München e.V.
Michael Feierlein
Theresienweg 42 • 85551 Kirchheim
Tel.: 089-9035038
Internet: www.mecmev.de

Eisenbahnfreunde München Südost e.V.
Schlesierstraße 24 • 81669 München
Telefon: 089-686272
Internet: www.emsev.de
E-Mail: davoika@mnet-mail.de

Modellbahn-Interessengemeinschaft Augsburg e.V.
Postfach 10 20 10 • 86010 Augsburg
Internet: www.miga-augsburg.de
E-Mail: miga.augsburg@web.de

Modelleisenbahnfreunde Markdorf e.V.
Riedheimer Straße 13 • 88048 Friedrichshafen
Tel.: 07544-4242
Internet: www.mef-markdorf.de
E-Mail: info@mef-markdorf.de

Modelleisenbahnfreunde Windischeschenbach und Umgebung e.V.
Am Bühl 11 - OT Neuhaus • 92670 Windischeschenbach
Internet: www.mef-windischeschenbach.de
E-Mail: info@mef-windischeschenbach.de

Normen

Die NEM-Normen können auf der Website der Morop gelesen oder als PDF-Datei heruntergeladen werden:
www.morop.org/de/normes/index.html

Eine Übersicht über zahlreiche im Modellbahnbau gebräuchliche Normen im In- und Ausland bietet die Website:
www.modellbahnnormen.de/

Foren

Viele Anregungen und Tipps zum Anlagenbau lassen sich im Internet finden. Foren sind besonders hilfreich, weil man in ihnen Fragen stellen und diskutieren kann.

Hier ist eine Auswahl an Internet-Foren:
www.tt-board.de
www.modellbahn-community.net/forum/
www.miniatur-wunderland.de/community/forum/
www.modelleisenbahn-forum.info/

Register

Bildquellen

Alstom 78 ro / Auhagen 40 o, 72 ro, 144 lu, 163 o, 164 o, 165 lu, 190 – 193 alle, 224 o / Bachmann/Lilliput 60 o, 61 ro, 64 u, 65 beide, 83 untere 3, 87 u, 90/91 u beide / Busch 23 u, 35 u, 37 ro, 41 ru, 83 ro, 124 Gleispläne, 161, 163 u, 169 o, 176 lo, 177 ru, 184 ru, 185 m, 219 r, 222 r / Christoph S./Pixelio 26 u / Coast Raider 813/Pixelio 69 ro / Dietmar Grummt/Pixelio 27 ro / ESU 199 lo / Georg Marinschek/Pixelio 71 u / Hannelore Dörflinger 63 o, 75 u, 231 u, 232 m, 232 u / Hanspeter Bolliger/pixelio 86 u / Herpa 68 u, 102, 105 ro, 176 ro u. u beide / Ina Funke/Pixelio 128 o / Ing.-Büro Schneider 123 / Joachim Reisig/Pixelio 124 lo / Karl Kammerlander 24, 36, 38 lo, 62 o, 63 u, 70 o, 96, 99 o, 116, 154 u, 183 lo, 219 l, 222 l, 229 beide / Karl-Heinz Liebisch/ Pixelio 128 u / khv24/Pixelio 26 ro, 70 m, 76 o / Krauss-Maffei 27 lo / Ladegüter Bauer 41 lu, 71 o, 185 o, 225, 226 alle / Lenz 73 ro, 74 u, 81 u, 84 u, 197 u, 198 l beide, 200 u / LOK LAND: 50 u / Lufen, M.: 49 lm, 49 lu / Mathias Lutz 227 l / Michael Fries 230 o / Miniatur Wunderland Hamburg: 44, 45, 46 beide, 47 alle / Miniatur-Wunderland.de: 188 u / Miniatur-Wunderland Hamburg Pressefoto 8–9 / Modellbahnshow Merklingen 28 u, 32, 38 ro, 39 ro 39 ru, 41 o, 53, 54, 82 u, 89 o, 108 o, 110 o, 115 o, 155, 175 o / Modelleisenbahn München GmbH 22 o, 23 o, 64 o, 78 m, 91 o, 109 / mwboeckmann/Flickr: 10, 11 / NOCH: 37 u, 38 u, 43, 78 u, 97 alle, 104 u, 110 u, 133 u, 135 (1-4), 139 alle, 142 u, 156 alle, 157 alle, 158/159 (1-6), 160 alle, 162 o, 164/165 (1-3), 179 lu, 209 o, 210, 215 alle, 224 m, 235 alle / ÖBB/Robert Deopito 30 o / ÖBB/Rudolf Laresser 78 lo / ÖBB 70 u / Paul Petau 85 ro / C. Petersen 49 o / Christopher Siebenhüner 50 o beide / Stephan Wengelinski/Pixelio 74 ro / T. Stern 48, 49 ru / Thomas Panzer/Schwarzwald Modellbahn Hausach 51 beide / Pixelsourcing.de 77 ro, 89 u / Sebastian Terfloth/Wikipedia 30 u / Uhlenbrock 204 ro, 209 m / Uwe Schwarz/Pixelio 27 u/ Mario Storch, Flickr/creative commons 38–39 / Viessmann 132 u beide, 138 alle, 196 u, 199 ro, 201 alle, 202 u, 203 alle, 204 l beide, 207, 208 beide, 234 u / Voith 28 o, 29 u, 72 lo, 74 lo / Vollmer 34 o, 35 o beide, 42 beide, 80 ro, 85 m, 103 u, 105 lo, 118 u, 143 l, 144 o, 144 ru, 145 u, 146 o, 147 m, 149 alle, 166 o, 171 u, 177 lu, 179 ru, 181 ro, 183 lu, 183 ro, 184 l beide, 184 ro, 185 u, 186 alle, 188 o, 206 o, 214 beide, 218 beide / Wikimedia: 14 o, 15 ro

Folgende Bilder hat dankenswerter Weise JUNG MEDIENPARTNER beigesteuert: 129 lo, 145 o
Alle übrigen Bilder stammen vom Verfasser oder der Sammlung Azurmedia.